ISW Forschung und Praxis

Berichte aus dem Institut für Steuerungstechnik
der Werkzeugmaschinen und Fertigungseinrichtungen
der Universität Stuttgart

Herausgeber: Prof. Dr.-Ing. G. Pritschow

Band 85

Karl-Heinz Wurst

Flexible Robotersysteme – Konzeption und Realisierung modularer Roboterkomponenten

Springer-Verlag Berlin Heidelberg GmbH 1991

D 93

Mit 70 Abbildungen

ISBN 978-3-540-54178-3 ISBN 978-3-662-07253-0 (eBook)
DOI 10.1007/978-3-662-07253-0

Ursprünglich erschienen bei Springer-Verlag Berlin Heidelberg New York 1991.

62/3020-543210

Geleitwort des Herausgebers

In der Reihe „ISW Forschung und Praxis" wird fortlaufend über Forschungsergebnisse des Instituts für Steuerungstechnik der Werkzeugmaschinen und Fertigungseinrichtungen der Universität Stuttgart (ISW) berichtet, das sich in vielfältiger Form mit der Weiterentwicklung des Systems Werkzeugmaschine und anderer Fertigungseinrichtungen beschäftigt. Die Arbeiten dieses Instituts konzentrieren sich im besonderen auf die Bereiche Numerische Steuerungen, Prozeßrechnereinsatz in der Fertigung, Industrierobotertechnik sowie Meß-, Regel- und Antriebssysteme, also auf die aktuellsten Bereiche der Fertigungstechnik. Dabei stehen Grundlagenforschung und anwenderorientierte Entwicklung in einem stetigen Austausch, wodurch ein ständiger Technologietransfer zur Praxis sichergestellt wird.

Die Buchreihe erscheint in zwangloser Folge und stützt sich auf Berichte über abgeschlossene Forschungsarbeiten und Dissertationen. Sie soll dem Ingenieur bei der Weiterbildung dienen und ihm Hilfestellungen zur Lösung spezifischer Probleme geben. Für den Studierenden bietet sie eine Möglichkeit zur Wissensvertiefung. Sie bleibt damit unter erweitertem Namen und neuer Herausgeberschaft unverändert in der bewährten Konzeption, die ihr der Gründer des ISW, der leider allzu früh verstorbene Prof. Dr.-Ing. G. Stute, im Jahre 1972 gegeben hat.

Der Herausgeber dankt der Druckerei für die drucktechnische Betreuung und dem Springer-Verlag für Aufnahme der Reihe in sein Lieferprogramm.

G. Pritschow

Vorwort

Die vorliegende Arbeit entstand während meiner Tätigkeit als wissenschaftlicher Mitarbeiter am Institut für Steuerungstechnik der Werkzeugmaschinen und Fertigungseinrichtungen (ISW) der Universität Stuttgart.

Dem Direktor des Instituts, Herrn Prof. Dr.-Ing. G. Pritschow, gebührt mein Dank für das intensive Interesse an meiner Arbeit und für die Unterstützung und Förderung der zugrunde liegenden Forschungen. Herrn Prof. Dr.-Ing. A. Storr danke ich für die wertvollen Hinweise und Anregungen.

Mein besonderer Dank gilt auch Herrn Prof. Dr.-Ing. H.-J. Warnecke für die Erstellung des Mitberichts.

Den Mitarbeiterinnen, Mitarbeitern und Studenten des ISW danke ich für ihre Fachkritik und für die Beiträge zum redaktionellen Gelingen der Arbeit. Dieser Dank gilt ganz besonders den Herren Dipl.-Ing. Werner Schmid, Dipl.-Ing. Hans Gronbach und Dipl.-Ing. Bernd Renz.

Karl-Heinz Wurst

Inhaltsverzeichnis

Formelzeichen und Abkürzungen

Formelzeichen und Abkürzungen, die nur an einer Stelle verwendet werden und dort erklärt sind, wurden nicht in das Verzeichnis aufgenommen.

Formelzeichen:

A	Fläche
c	Steifigkeit
d_0	Teilkreisdurchmesser
d	Dämpfung
D	Dämpfungsmaß
E	Elastizitätsmodul
f	Frequenz
f_0	Eigenfrequenz
F_A	Axialkraft
F_E	Euler'sche Knicklast
h	Spindelsteigung
i	Getriebeübersetzung
I	Flächenträgheitsmoment, Strom
	Impulszahl
J	Massenträgheitsmoment
k	Zählvariable
K	Konstante
K_v	Geschwindigkeitsverstärkung
l	Länge
m	Masse
M	Moment

n	Drehzahl
p	Leistung
q_A	Streckenlast
r	Radius
T	Abtastzeit
x_T	Weg
α	Winkel
α^*	Wertepaar für Dreh- oder Schwenkbewegung (motorseitig)
β	Winkel am Getriebeeingang
γ	Steigungswinkel
Δ	Differenz
ε	Abweichung
ϑ	Temperatur
μ_0	Haftreibung
μ	Reibwert
ρ	Reibungswinkel, Dichte
ρ_0	Reibungswinkel der Haftreibung
φ	Gelenkwinkel
ψ	Winkel am Getriebeabtrieb
ω	Winkelgeschwindigkeit
ω_0	Kennkreisfrequenz
ω_M	Kennkreisfrequenz der Mechanik
ω_K	kritische Drehzahl

Mehrfach verwendete Indizes:

A	Arm, Antrieb
ers	Ersatz
D	Drehen
F	Kraft
ges	Gesamt
G	Getriebe
i	Zählvariable, Istwert
K	Kegelrad
mech	Mechanik
M	Motor
N	Nennwert
0	Bezugsgröße
p	polar
R	Rotor
s	Sollwert
S	Schwenken

Abkürzungen:

CIM	Computer Integrated Manufacturing
DNC	Direct Numerial Control
INK	Inkremente
PT_2	Verzögerungsglied 2. Ordnung
SCARA	Selectiv Compliance Assembly Roboter Arm
TCP	Werkzeugeingriffspunkt (Tool Center Point)
CFK/FVW	Faserverbundwerkstoff

1 Einleitung

1.1 Problemstellung

Die Flexibilität im Produktionsbereich bestimmt die Anpassungsfähigkeit eines Unternehmens an sich ändernde Absatz- und Arbeitsmärkte und damit seine Wettbewerbsfähigkeit. Sie kann in einer vereinfachten Darstellung verstanden werden als Marktflexibilität und als Fertigungsflexibilität. Marktflexibel bedeutet, daß Produkte, Produktgrößen oder Produktvarianten, die marktseitig gewünscht werden bzw. die auf dem Markt augenblicklich die besten Absatzchancen erkennen lassen mit kurzen Durchlaufzeiten, geringem Organisationsaufwand und ohne höhere Kapitalbindung gefertigt werden können. Dies setzt unter anderem voraus, daß im Produktionsbetrieb eine hohe Fertigungsflexibilität vorhanden ist: Produktionsanlagen müssen bei einem Minimum an Umrüst- und Investitionsaufwand neuen Forderungen an das Produkt, wie Größe und Gestalt, Qualität, Eigenschaften (z.B. neue Werkstoffe) unter der Berücksichtigung daraus resultierender möglicher neuer Fertigungsverfahren und -abläufe gerecht werden.

Ein Mittel, die Flexibilität im Produktionsbereich zu erhöhen, ist im CIM-Konzept zu sehen (Computer Integrated Manufacturing), das die rechnergestützte integrierte Verarbeitung von organisatorischen und technischen Funktionen sowie die Kommunikation zwischen unterschiedlichen, informationsverarbeitenden Systemen zum Ziele hat.

Im fertigungsnahen Bereich wird die Flexibilität durch die Eigenschaften und die Gestaltung von Maschinen, Werkzeugen, Transporteinrichtungen usw. bestimmt. Die Zerlegung von komplexen Anlagen in überschaubare, autonome Komponenten in Form von sogenannten Baukastensystemen wird mit dem Ziel durchgeführt, Strukturen und Eigenschaften von Fertigungseinrichtungen neuen Erfordernissen wirtschaftlich anpassen zu können.

Die Akzeptanz von Baukastensystemen bzw. Fertigungseinrichtungen in modularer Bauweise ist davon abhängig, wie sich die Kosten für diese Systeme in einer Wirtschaftlichkeitsrechnung niederschlagen. Diese Kosten sind aber von den flexiblen Einsatzmöglichkeiten und der Wiederverwendbarkeit sowohl beim Umrüsten als auch bei der Umstrukturierung einer Produktionsanlage abhängig.
Die Konzeption eines modularen Systems, zunächst gleichgültig, für welchen Bereich dies geschaffen wird, muß deshalb so abgefaßt sein, daß es planerische Mittel und allgemein gültige Kriterien zur Komponentenauslegung gibt, die unabhängig von technischen Weiterentwicklungen einzelner Bausteine anwendbar bleiben. Damit ist gewährleistet, daß die Kosten für flexible Produktionseinrichtungen, die auf modularen Systemen aufbauen, im Bereich der Einsatzplanung und Auslegung langfristig verteilt werden können und, wenn die Grenzen der Wiederverwendbarkeit von Moduln erreicht werden, nur deren Wiederbeschaffungskosten anstehen.

1.2 Aufgabenstellung

Ziel dieser Arbeit ist die Konzeption modularer Industrieroboter, die auf einer besonderen Entwicklung gerätetechnischer Komponenten beruht. Wesentliche Abschnitte dieser Arbeit beschäftigen sich demnach mit dem systematischen Entwurf geeigneter Robotersystemkomponenten, die neue Entwicklungen in der Werkstofftechnik, der Antriebstechnik und der Meßtechnik berücksichtigen. Weitere Abschnitte werden Möglichkeiten darlegen, die der Roboteranwender aufgrund dieser Systemkomponenten hat, um Robotersysteme gerätetechnisch optimal zu gestalten.
Es wird damit gezeigt, daß das unter 1.1 genannte Ziel, nämlich eine auch wirtschaftliche Flexibilität von Produktionseinrichtungen dieser Art erreicht werden kann.

2 Aufbau und Gestaltung flexibler Robotersysteme

2.1 Flexibilitätsmerkmale von Robotersystemen

Eine moderne Produktionstechnik erhebt den Anspruch, daß trotz kürzer werdender Produktlebensdauer die Möglichkeit gegeben ist, Produktionseinrichtungen ein Vielfaches der Lebensdauer der einzelnen Produkte zu nutzen /1/. Diesem hohen Anspruch zu genügen wird dadurch erschwert, daß das Niveau der Typen- und Variantenvielfalt gleichzeitig sehr hoch ist. Eine Flexibilität der Produktionseinrichtungen, wie sie in /2/ in ihrer vielseitigen Art beschrieben wird, ist deshalb anzustreben.
Robotersysteme stellen eine wesentliche Komponente komplexer Produktionseinrichtungen dar, die ihre eigenen Merkmale diesbezüglich aufweisen müssen. Der Begriff "Robotersystem" umfaßt hierbei im wesentlichen die Flexibilitätsmerkmale

- Steuerung
- Prozeßführung
- Programmierung
- End-Effektor und
- Gerätetechnik.

Sie müssen für den Anwender technisch überschaubar gestaltet werden und aufgrund ihrer flexiblen Handhabungs- und Gestaltungsmöglichkeiten erlauben, aufgabenspezifische Robotersysteme optimal zu generieren, umzurüsten und in Funktion zu halten. In Bild 2.1 sind die wichtigsten flexibilitätsbestimmenden Merkmale von Robotersystemen aufgezeigt /3,4/. Sie bestimmen im wesentlichen den zeitlichen und finanziellen Aufwand für die Anpassung an wechselnde Aufgaben.
Die Steuerung und die Möglichkeiten der Prozeßführung stehen dabei in sehr enger Wechselwirkung mit der Gerätetechnik, insbesondere dann, wenn diese modular gestaltet wird.

Deshalb soll auf diese Komponenten, neben der Gerätetechnik als Hauptaspekt dieser Arbeit, kurz eingegangen werden.

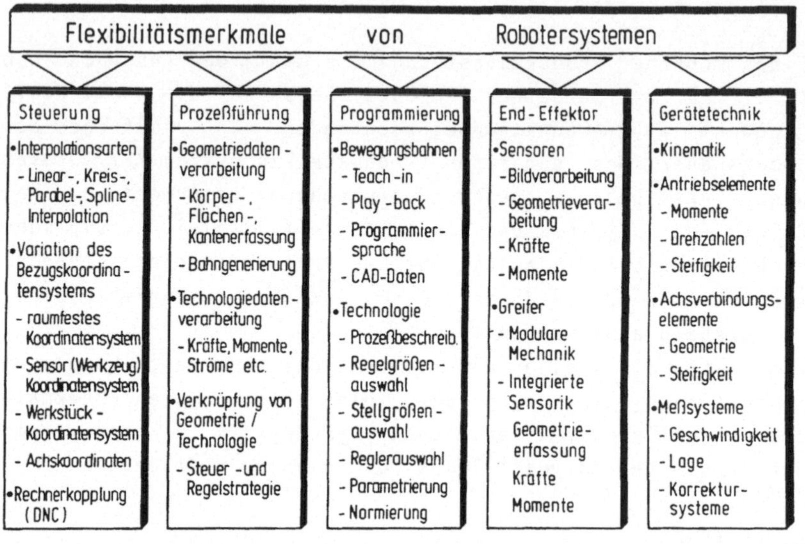

Bild 2.1: Die wichtigsten Flexibilitätsmerkmale von Robotersystemen

2.1.1 Steuerungskomponenten und Prozeßführung

Die Flexibilität gegenüber unterschiedlichen Fertigungs- und Montageprozessen ist in starkem Maße von den steuerungstechnischen Komponenten und den damit verbundenen Möglichkeiten zur Prozeßführung gegeben. Unterschiedliche Prozesse wie

- Bahnschweißen
- Oberflächenschleifen
- Bearbeitung mit Laser
- Entgraten
- Fügen und Montieren

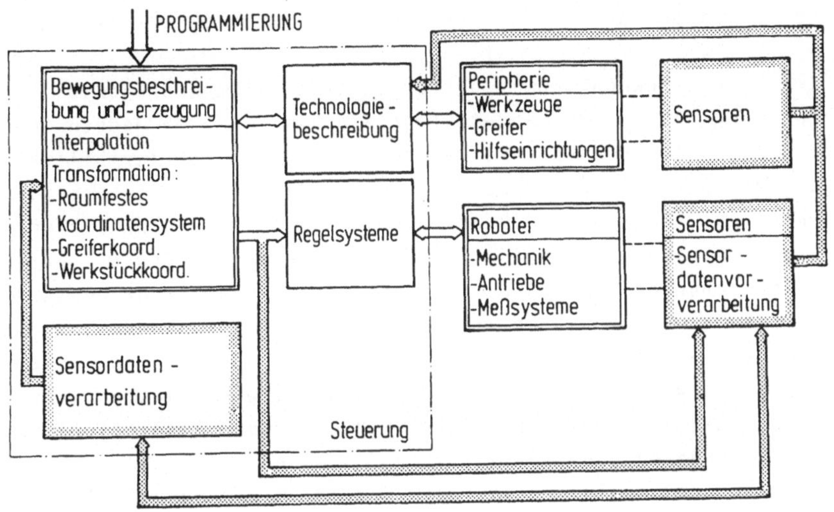

Bild 2.2: Allgemeine Funktionsstruktur eines Robotersystems /7/

verlangen häufig eine Aufgabenbeschreibung und eine Prozeßführung bezüglich unterschiedlichen Koordinatensystemen und eine Berechnung von Lagesollwerten über verschiedene Interpolationsverfahren. Des weiteren sind Merkmale gefordert, wie

- effiziente Programmierung der Geometrie und Technologie
- Vernetzbarkeit im DNC-Betrieb
- Integrationsmöglichkeit von Überwachungsfunktionen
- Integrationsmöglichkeit allgemeiner und spezieller Reglerstrukturen zur Roboter- und Prozeßregelung.

Die sensorgeführte Programmierung und die Integration einer Sensordatenverarbeitung waren schon vielfach Inhalte von Forschungsarbeiten /5, 6/. Dennoch ist es so, daß für handelsübliche Steuerungen hierfür kaum Schnittstellen geschaffen sind. In Bild 2.2 ist die allgemeine Funktionsstruktur eines Robotersystems dargestellt, wobei die nichtunterlegten

Verknüpfungen den derzeitigen Stand der Technik darstellen.

Zwei Forderungen, nämlich Prozeßflexibilität und Flexibilität gegenüber der Robotergerätetechnik, werden jedoch zukünftige Steuerungsstrukturen prägen. Die Prozeßflexibilität drückt sich in einer modular strukturierten Funktionssoftware aus, die es dem Anwender erlaubt, diese für die vom Prozeß bestimmten Teile selbst zu generieren. Grundlegende Untersuchungen hierzu sind schon auf dem Gebiet der weniger komplexen numerischen Steuerungen für Werkzeugmaschinen gemacht worden /8/. Dies kann nun nicht bedeuten , daß sich die Software selbst "entwickeln" soll; es wird vielmehr verlangt, daß die Funktionsblöcke über geeignete Schnittstellen zu verknüpfen und parametrierbar sind und in ihrer Bearbeitungspriorität innerhalb der Steuerung anwenderspezifisch festgelegt werden können. Solche Moduln beinhalten und ermöglichen z.B.

- Transformationen innerhalb verschiedener Koordinatensysteme im On-line-Betrieb
- Normierung von Eingangsgrößen
- Definitionen von Technologiefunktionen
- Auswahl von Führungs- und Stellgrößen für Sensorregelkreise
- Auswahl von Korrekturgrößen zur Verbesserung der Robotergenauigkeit
- Reglerauswahl zur Roboter- und Prozeßregelung
- Verknüpfung von Prozeßkenngrößen und Stellgrößen über Kennlinienfelder oder Funktionen
- Datenaustausch für Mehrroboterbetrieb.

Die Notwendigkeit hierzu resultiert sowohl aus bisherigen Methoden der Prozeßregelung und Prozeßführung beim Robotereinsatz /9, 10, 11/ als auch aus den Möglichkeiten, wie sie sich als Ergebnis einer konsequenten modularen Gerätebauweise innerhalb von Robotersystemen ergeben.

Zur Bearbeitung dieser komplexen Steuer-, Regel- und Transformationsfunktionen ist neben einer nach dem Baukastenprinzip konzipierten Funktionssoftware eine Steuerungshardwarestruktur in Form eines leistungsfähigen Mehrprozessorsystems notwendig, die in der prozeßnahen Ebene jeder Bewegungseinheit eines Industrieroboters bzw. jeder "intelligenten" Komponente eines Robotersystems (Sensoren, Greifer mit mehreren Funktionen, Fügehilfen etc.) eine sogenannte Achskarte zuordnet /7, 12, 13/. Diese Achskarten arbeiten parallel und können die zeitkritischen Lage-, Drehzahl-, Beschleunigungs- und Sensorregelungen auf Achsebene übernehmen. Der übergeordnete Rechner (Master) dient der Koordinierung und Überwachung des Gesamtsystems und führt die zur Bahnerzeugung und zur sensorgeführten On-line-Beeinflussung des Bahnverlaufs notwendigen Berechnungen im unabhängigen Koordinatensystem durch, im Hinblick auf die modulare Gestaltung von Industrierobotern zweckmäßigerweise unter der Verwendung schneller, allgemeiner Koordinatentransformationen /14, 15/. Der Daten- und Informationsaustausch muß bidirektional erfolgen, sowohl zwischen Master und Achskarten als auch auf der Ebene der Achskarten selbst. Dies gewährleistet die optimale Nutzung der zuvor genannten, modular strukturierten Funktionsbausteine für unterschiedliche Prozesse, aber auch die Adaption einer Achskartenanzahl auf das Notwendige. Zusammen mit den Möglichkeiten zur funktionsmäßigen Verknüpfung von Führungs- und Stellgrößen sind aber damit auch erst die Voraussetzungen dafür geschaffen, modular konzipierte Industrieroboter effizient zu nutzen.

Im einzelnen geht es dabei um die Möglichkeiten der Gestaltung und Nutzung von Industrierobotern, wie sie in Bild 2.3 links dargelegt sind und in Kap. 2.1.2.3 näher ausgeführt werden. Wegen ihrer Bedeutung im Zusammenhang mit einer Modulbauweise seien die in Bild 2.3 aufgeführten, steuerungstechnischen Funktionen im folgenden näher erläutert.

2.1.1.1 Steuerungsfunktionen für eine modulare Robotergerätetechnik

Bild 2.3: Steuerungstechnische Voraussetzungen zur effizienten Nutzung einer modularen Robotergerätetechnik

Von den in Bild 2.3 rechts aufgeführten steuerungstechnischen Funktionen ist diejenige zur Anpassung einer Koordinatentransformation an eine beliebige kinematische Kette eine Grundvoraussetzung. Bisher stellt diese Funktionssoftware für den Anwender ein geschlossenes System dar, das sich ihm jedoch in dem Sinne öffnen muß, als daß er die zuvor genannten Anpassungen durch eine Beschreibung seiner Roboterkinematik, wie sie in /14/ zur Generierung der Vorwärtstransformation bereits durchgeführt wird, im Rahmen der allgemeinen Roboter-Programmierung ausführen kann. Den Funktionsblöcken

- Auswahl und Verknüpfung von Führungs- und Korrekturgrößen und
- Auswahl und Verknüpfung "aktiver" und "passiver" Bewegungsmoduln

kommt noch eine besondere Bedeutung zu. Der erstgenannte Funktionsblock steht in engerem Zusammenhang mit der konstruktiven Gestaltung der bewegungsausführenden Moduln in ihrer Ausbildung als Gelenkmoduln eines Roboters, bei der die meßtechnischen Möglichkeiten zur Genauigkeitserhöhung und damit eine verbesserte Prozeßadaption genutzt werden. Diese werden in Kap 3.6.3 angesprochen. Der zweitgenannte Funktionsblock ist wesentlich für die Bahngenerierung kinematisch überbestimmter Systeme und soll anhand eines Beispiels, der Arbeitsraumerweiterung eines Gelenkroboters, verdeutlicht werden (vergl. Bild 2.4):

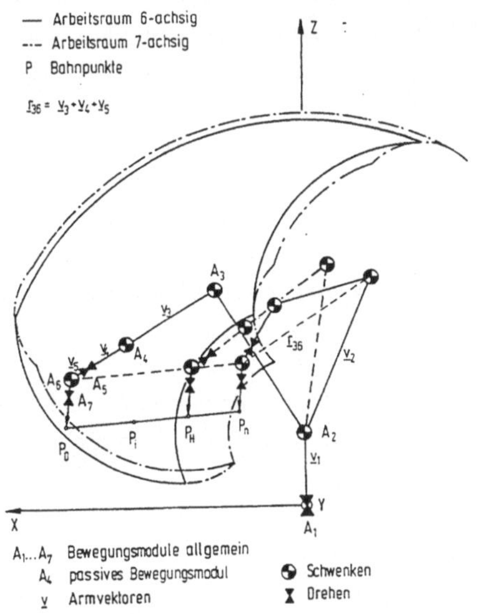

Bild 2.4: Arbeitsraumerweiterung mit einem kinematisch überbestimmten Gelenkroboter

- Bei einer Bewegung von P_0 nach P_n wird der Hüllkörper für den Arbeitsraum des kinematisch bestimmten (6achsigen) Gelenkroboters am Punkt P_H erreicht (Schwenkbereich der Hauptachse sei bei 90°). Durch ein Zusatzgelenk (A_4) kann bei P_H

eine Winkeländerung α_z = konst. vorgegeben werden, die es ermöglicht, auf der vorgegebenen Bahn bei konstanter Orientierung weiterzufahren ("passiv"). Zunächst bedeutet dies eine Unterbrechung der Bewegung bei P_H; durch eine Vorgabe von $\alpha_z = \alpha_z(P_i,t)$ kann jedoch durch eine quasi stetige Korrektur über die Transformation ("aktiv") der Übergang ohne Halt durchfahren werden. Bei der erstgenannten Möglichkeit wird am Punkt P_H der Vektor $\underline{r}_{36}$ für einen Winkel α_z neu berechnet. Die Berechnung der Bahn erfolgt bei erneutem Start bei P_H mit den neuen kinematischen Bedingungen. Viele Arbeitsprozesse benötigen aber für ein zufriedenstellendes Arbeitsergebnis einen kontinuierlichen Bahnverlauf für das vom Roboter geführte Werkzeug (Lackieren, Sealen, Schleifen, etc.), d.h., $\overline{P_oP_n}$ soll unter gleichbleibenden Randbedingungen (Bahngeschwindigkeit, Orientierung zur Bahn) durchfahren werden. Hierzu muß also eine Strategie vorliegen, nach der z.B. die Elemente der Rotationsmatrizen ab einem Punkt P_i im Interpolationstakt der Steuerung neu berechnet werden. Die Strategie orientiert sich dabei an Kriterien, wie minimale Bahnfehler, minimale dynamische Rückwirkungen usw. Iterative Transformationsverfahren nach /16/, wonach ein sechsachsiger Roboter in die Teilsysteme "Positionierung" (3 Gelenke bis zum Handwurzelpunkt) und "Orientierung" (weitere 3 Gelenke) zerlegt wird, sind hierzu besonders geeignet.

Diese beispielhafte Betrachtungsweise eines kinematisch überbestimmten Systems gilt im weitesten Sinne auch für das Umfahren von Hindernissen und für das Ziel einer verbesserten Prozeßführung, letzteres mit dem Hintergrund, eine kinematische Anordnung den zu erwartenden Prozeßgrößen (Momente, Kräfte) optimal anzupassen. Erste Schritte in dieser Richtung werden zur Steuerung einer Sonderkinematik in /17/ vorgestellt.
Es wird klar, daß die in Bild 2.3 aufgeführten, steuertechnischen Funktionen nicht bei jeder Roboteranwendung, auch nicht bei modular konzipierten Geräten verlangt werden, sie

können aber auch ihrer Vielfalt und Komplexität wegen und aus Gründen der Wirtschaftlichkeit nicht Bestandteil einer Standardsteuerung sein, womit die prozeß- und gerätetechnisch bedingte modulare Strukturierung der Robotersteuerung belegt werden kann.

2.1.2 Bewegungsausführende Komponenten

2.1.2.1 Allgemeines

Seit Beginn seiner Entwicklung war der Industrieroboter als flexible Maschine konzipiert. Betrachtet man aber die Vielzahl der Geräte unterschiedlicher Merkmale und Eigenschaften, die auf dem Markt verfügbar ist, dann muß die angebotene Vielfalt dem schon widersprechen. Die Einsatzmöglichkeiten, die sich schwerpunktmäßig den drei Gebieten

- Handhabung,
- Montage und
- Bearbeitung

zuordnen lassen, verlangen unterschiedlich gewichtete gerätetechnische Eigenschaften. Industrieroboter haben ihre ersten Anwendungen in der Fertigungstechnik im Bereich des Handhabens von Werkstücken gefunden, wo sie bis heute noch einen sehr großen Einsatzbereich haben /18/. In Verbindung mit dem Handhaben stand schon immer eine universelle Verwendbarkeit im Vordergrund. Diese ist vom Aufgabenfeld her gesehen auch relativ einfach zu erfüllen, obwohl auch hier schon gilt, daß es eben nur einen optimalen Geräteaufbau für ein bestimmtes Werkstückspektrum und eine Aufgabe gibt. Die maßgeblichen Kriterien für die Auswahl eines Industrieroboters für Handhabungsaufgaben sind dabei die Traglast und der mit dem kinematischen Aufbau zusammenhängende Arbeitsraum (Bild 2.5).

Differenzierter sind die Auswahlkriterien im Bereich der Montage und Bearbeitung mit Industrierobotern /19, 20/.

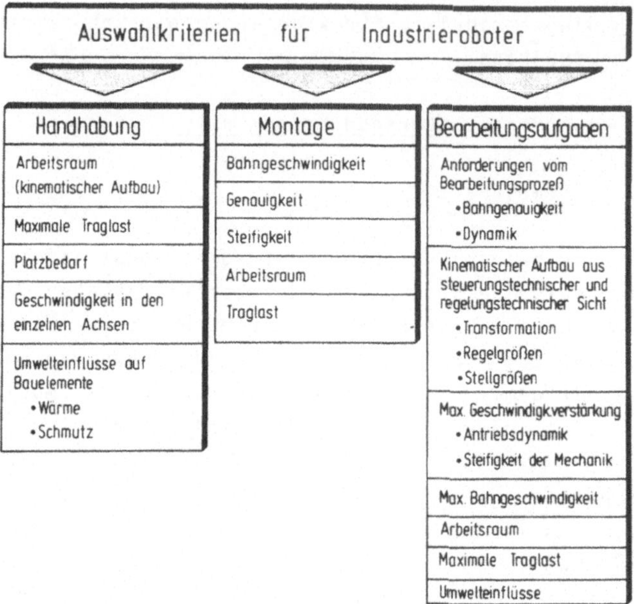

Bild 2.5: Auswahlkriterien für Industrieroboter

Hohe Geschwindigkeiten bei teilweise höchsten Anforderungen an Bahn- und Positioniergenauigkeiten bestimmen im Montagebereich die Auswahl. Für Roboter, die Werkzeuge oder Werkstücke zum Zwecke der Bearbeitung handhaben, werden schon Auswahlkriterien herangezogen, wie sie auch unter anderem zur Beurteilung und Bewertung von Werkzeugmaschinen verwendet werden. Der Bearbeitungsprozeß und die Anforderungen an das Bearbeitungsergebnis bestimmen die Eigenschaften des Gerätes /3, 21/.

Es wird damit klar, daß eine ausreichend hohe Anwendungsflexibilität von Industrierobotern nur durch deren modulare Gestaltung erreicht werden kann, wobei eine allgemeine Verwendungsmöglichkeit der Basiskomponenten eines modularen Systems diese Vorgehensweise auch unter wirtschaftlichen Aspekten rechtfertigt.

2.1.2.2 Modulare Robotergerätetechnik

Die Produktflexibilität von Fertigungseinrichtungen ist umso höher, je mehr produktneutrale Basiskomponenten in diesen Verwendung finden. Diese Kenntnis spiegelt sich wieder in einem verstärkten Bemühen, die Basiskomponenten seitens der Maschinen- und Gerätetechnik modular zu gestalten. Im Bereich der spanenden Fertigung werden Bearbeitungszentren, Drehzentren mit Komplettbearbeitung usw. schon längst nicht mehr durch das Denken in abgeschlossenen Einzelmaschinen geprägt. Baukastensysteme zur Anpassung der Maschinen an ihre unterschiedliche Aufgaben ermöglichen hier eine ausreichende Anlagenflexibilität.

Sowohl die Roboter- und Handhabungstechnik als auch die Technik der Transporteinrichtungen haben diesen Stand aber bei weitem nicht erreicht /4, 22, 23/. Eine Gesamtkonzeption für ein Baukastensystem, die die Komplexität dieser Systeme, gegeben durch einen vielseitigen Einsatz, mit einschließt und die insbesondere die gerätetechnischen Komponenten im Zusammenwirken mit den übrigen Funktionsgruppen (vergl. Bild 2.1) berücksichtigt, liegt allerdings noch nicht vor. Es wurde aber erkannt, daß am Markt verfügbare Handhabungseinrichtungen den wachsenden Flexibilitätsanforderungen nicht im notwendigem Maße gerecht werden und deshalb neue Gerätekonzepte zu entwickeln sind /24/. Auch dort, wo man der Gerätetechnik zunächst bescheinigt, daß sie technisch ausgereift sei, wird festgestellt, daß eine Anpassung der Industrieroboter an die verschiedenartigen Prozesse notwendig wird /2/.

Derzeitige Simulations- und Planungssysteme für flexible

Produktions- und Montageanlagen arbeiten mit Roboterbibliotheken, in denen Roboter verschiedener Hersteller in ihrer Kinematik, ihren Antriebseigenschaften und in ihren mechanischen Eigenschaften nachgebildet (modelliert) werden, um so durch geeignete Auswahlstrategien optimale Geräteeigenschaften im Rahmen der zu erfüllenden Aufgabe zu erhalten /25, 26, 27/. Diesbezüglich sind aber die Grenzen durch die nicht ausreichend verfügbare, modulare Robotergerätetechnik vorgegeben. Beispielhaft wird dies in /28/ demonstriert. Eine Angebotsanalyse führt dort im Rahmen einer konkreten Robotersystemplanung zu einem Industrieroboter zwar einfachster Kinematik, die angewandten Optimierungskriterien verlangten aber dennoch konstruktive Änderungen im kinematischen Aufbau. Konstruktive Änderungen an marktgängigen Industrierobotern bzw. die aufgabenbezogenen Entwicklungen von Robotern ohne den Hintergrund akzeptabler modularer Gerätekomponenten sind jedoch kostenintensiv und nur in Sonderfällen durch technische Notwendigkeiten, selten aber wirtschaftlich, zu rechtfertigen.

Einer Analyse des Entwicklungsstandes von Roboterbaukastensystemen entsprechend zeichnen sich derzeit zwei Richtungen ab, um zu den mit Hilfe von Simulations- und Planungssystemen erarbeiteten, optimalen Anlagenstrukturen zu gelangen:

a) Einen streng nach dem Grundprinzip der Baukastensystematik auszuführenden Roboteraufbau mit <u>bekannten</u> Baugruppen
b) Anwendung der Baukastensystematik für das Gesamtsystem "Fertigung" oder "Montage"

Die ersterwähnte Vorgehensweise wird zur Konzipierung und Auslegung modular aufgebauter Handhabungssysteme konsequent durchgeführt, ohne jedoch einen realen Bezug zu den Anforderungen an die Robotergerätetechnik durch die zu lösende Aufgabe oder die Forderungen des Roboteranwenders zur optimalen

Geräteanwendung mit einzubringen /29/. Damit ist aber die Wirksamkeit dieser Vorgehensweise von vornherein stark begrenzt. Dasselbe gilt auch für die modulare Gestaltung von Robotern, die sich lediglich auf eine Ergänzung von Bewegungsachsen beschränkt /30, 31, 32/ Diese Vorgehensweise ist letztendlich gleichwertig mit derjenigen, die Flexibilität von Robotersystemen gerätetechnisch durch eine Vielfalt unterschiedlicher Robotertypen zu erhöhen /33/.

Extrem entgegengerichtet hierzu ist die bisherige Baukastensystematik unter dem Blickwinkel eines Gesamtsystems für die "Fertigung" oder "Montage". Sie versucht, neben den Roboterkomponenten auch die Steuerungs- und Programmiertechnik,

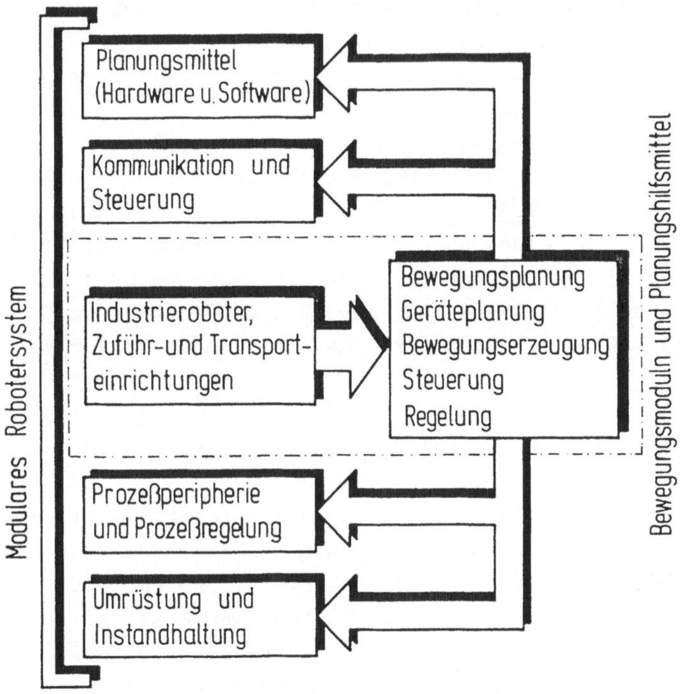

Bild 2.6: Struktur eines modularen Robotersystems mit unterlagertem Roboter-Baukastensystem

Werkzeug- und Werkstücktransporteinrichtungen, Zuführeinrichtungen usw. in Form modular gestalteter Geräte und Funktionsblöcke in die Betrachtungen eines modularen Aufbaus mit einzubinden, um ein möglichst durchgängiges Baukastensystem bereitzustellen /34, 35/. Bisher bedeutet diese Vorgehensweise jedoch meist nur, daß die Komponenten eines Robotersystems aus "einer Hand" kommen. Sie werden zwar als optimal im Sinne eines Baukastensystems betrachtet, insbesondere in ihrer Verwendung für die Robotergerätetechnik, es wird aber nicht erkannt, daß sowohl die Möglichkeiten der modularen Roboterbauweise, als auch die Gestaltung der Moduln selbst Rückwirkungen auf die gesamte Baukastensystematik für ein Montage- oder Fertigungssystem haben. Beispielhaft sind hier die Einbindung einer übergeordneten Planung von Bearbeitungs- und Montagefolgen sowie die Möglichkeiten eines übergeordneten Störmanagements mit ihren Auswirkungen auf die bewegungsausführenden Komponenten. Es wird damit deutlich, daß modulare Industrieroboter eine eigenständige, für sich zu optimierende Untergruppe eines modularen Robotersystems bilden (Bild 2.6; man betrachte hierzu auch Bild 2.1, ergänzt durch einen übergeordneten Planungsbereich), die nur dann effizient genutzt werden kann, wenn geeigente Bewegungsmoduln, Planungs- und Berechnungsprogramme und Möglichkeiten zur prozeßtechnischen Anpassung dafür zur Verfügung stehen.

2.1.2.3 Verteilte kinematische Strukturen

In Fertigungs- und Montageanlagen nimmt der Industrieroboter als bewegungsausführende Komponente mit mehreren Freiheitsgraden eine besondere Stellung ein. Zur Durchführung verschiedener Aufgaben und zur Erhöhung der Flexibilität hat es sich jedoch oft als vorteilhaft erwiesen, Standard-Roboter durch sogenannte Zusatzachsen zu ergänzen. Dies wird im einfachsten Fall dadurch vollzogen, daß z.B. Greifereinheiten neben der Bewegungseinrichtung für die Greifbewegung zusätzlich mit Hub- und Schwenkachsen ausgebildet werden /36/.

Mangelnde Positionier- und Orientierungsgenauigkeiten sowie unzulässige Verformungen der kinematischen Struktur werden bei Bedarf dadurch kompensiert, daß über sensorgeführte Zusatzachsen für Linear- und Drehbewegungen Ausgleichsbewegungen relativ zum Roboter durchgeführt werden /37/. Beim Schweißen verbessern Dreh- und Schwenktische die Zugänglichkeit am Werkstück bzw. ermöglichen erst eine zur Erfüllung der Schweißaufgabe notwendige Wannenlage des Werkstücks /38/. Einen weiteren, beispielhaften Anwendungsbereich für Zusatzachsen stellt die automatisierte Montage mit Industrierobotern dar. Häufig müssen dort Werkstückträger oder Baugruppen über kombinierte Hub-/Dreheinrichtungen in solche Positionen gebracht werden, die eine Montage erst ermöglichen /35/.

Für ein Robotersystem als einheitlich konzipierte Fertigungseinrichtung resultiert somit aus dem hier Betrachteten, daß effiziente, bewegungserzeugende Komponenten sowohl für die Roboter selbst, als auch für die Zusatzkinematiken verwendbar sein müssen. Damit wird die strenge Trennung von Industrierobotern als eine mögliche kinematische Struktur und Zusatzachsen als eine weitere kinematische Struktur aufgehoben. Bei einer richtigen Konzeption, sowohl der bewegungserzeugenden Komponenten als auch der zur Planung und mechanischen Auslegung notwendigen Hilfsmittel, können damit durch die Kenntnis aller relevanten Parameter der Komponenten optimale, kinematische Strukturen geschaffen werden (Bild 2.7).

Hierin einbezogen sind sowohl die einzelnen Bewegungseinheiten als auch kinematisch überbestimmte Systeme und Mehrrobotersysteme (vgl. Doppelarmrobotersystem, Kap. 6.2). Zur steuerungs- und regelungstechnischen Kopplung solcher Kinematiken bedarf es jedoch eines Steuerungskonzeptes, wie in

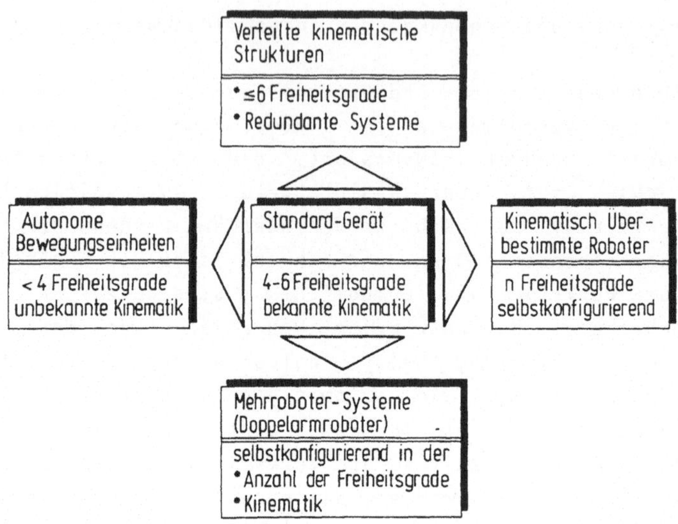

Bild 2.7: Verteilte kinematische Strukturen

Kap. 2.1.1.1 bereits erwähnt und in Kap.5.2 der Modulkonzeption entsprechend aufgezeigt wird.

2.2 Anforderungen an eine modulare Robotergerätetechnik

2.2.1 Allgemeine Betrachtungen zum Systemaufbau

Das im vorangegangenen Kapitel erwähnte Ziel einer einheitlichen Bewegungserzeugung gibt drei wesentliche Grundanforderungen und damit auch eine Grobstruktur für ein Baukastensystem vor:

- Die Komponenten müssen so beschaffen sein, daß sie einen umfangreichen und vielseitigen Einsatz erlauben.
- Die statischen und dynamischen Eigenschaften der Komponenten müssen bekannt und einfach beschreibbar sein.
- Es müssen Hilfsmittel zur Planung und Dimensionierung kinematischer Strukturen bereitgestellt werden.

Damit wird eine grundlegend neue Einsatzplanung von Industrierobotern möglich (Bild 2.8). Der häufig zu erwartende Kompromiß bei der Auswahl eines sich am Markt befindlichen Gerätes wird vermieden, indem Industrieroboter nach den vorgegebenen Auswahlkriterien (vergl. Bild 2.5) zusammengesetzt werden, bis die erreichbaren statischen und dynamischen Kenngrößen den Zielgrößen entsprechen.Die Entscheidung dafür, wann ein optimales Gerät vorliegt, kann unter dem Aspekt der Wirtschaftlichkeit durch die zusätzliche Möglichkeit der Vorgabe einer Schranke, innerhalb derer die Kenngrößen liegen müssen, beeinflußt werden. Liegen sie bei

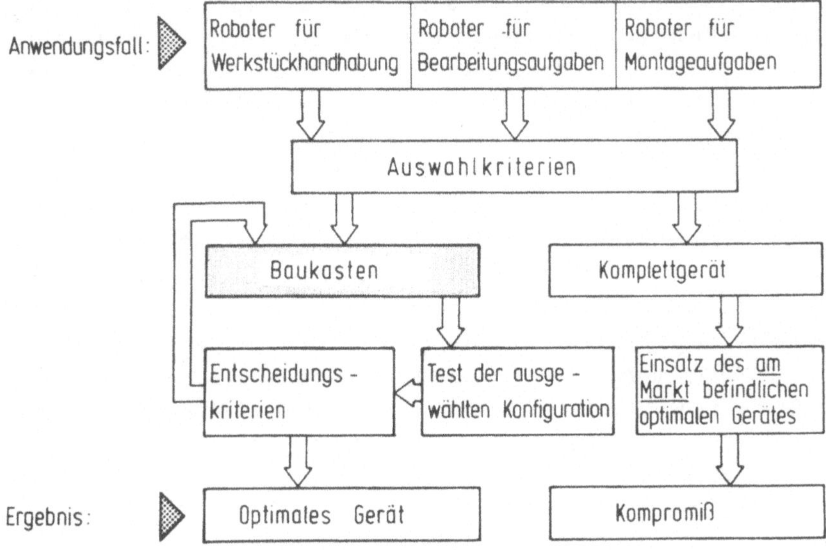

Bild 2.8: Aufgabezogene Einsatzplanung von Industrierobotern /39/

gleichbleibenden Randbedingungen außerhalb der vorgegebenen Schranke, dann ist eine Erweiterung der bestehenden Baureihe durch geeignete Elemente oder eine Verbesserung der Geräteeigenschaften in Richtung Zielgrößen durch Zusatzeinrichtungen (z.B.Meßsysteme mit zugehörigen Regel- und Steuersystemen) herbeizuführen (vergl. Kap.3.6.3).

Als Ergänzung hierzu kann auch eine Änderung der kinematischen Struktur in Betracht gezogen werden. Diese kann sich auf den Aufbau der kinematischen Kette eines Einzelgerätes beziehen, oder aber auf die Zerlegung eines Einzelgerätes in mehrere kinematische Strukturen. Letztere Vorgehensweise muß jedoch in das übergeordnete Planungssystem, falls vorhanden, eingebunden werden und ist insbesondere unter der Beachtung des Störmanagements (Anlagestörung) von Bedeutung.

2.2.2 Anforderungen aus den Prozessen

Es wäre ein Widerspruch in sich, wenn sich die Anforderungen an ein Roboter-Baukastensystem, die aus den verschiedensten Arbeitsprozessen resultieren, allgemein und explizit angeben ließen. Gerade weil ein jeder Einsatzfall eines Roboters seine Besonderheiten aufweist und weil sich immer neue Anwendungsgebiete mit unbekanntem Prozeßverhalten eröffnen, ist eine adaptierbare Gerätetechnik notwendig. Für eine Einbindung eines neu zu schaffenden Roboter-Baukastensystems in eine am Markt vorhandene Gerätetechnik ist es jedoch erforderlich, die Mindestanforderungen aus exemplarischen Prozessen zu berücksichtigen. Sie bilden die Grundlage sowohl zur Ermittlung der notwendigen Komponenten steuerungstechnischer, regelungstechnischer oder gerätetechnischer Art, als auch zur Festlegung von Baureihen nach Kriterien, wie sie in Bild 2.5 aufgeführt sind.

2.2.2.1 Anforderungen aus der Montage

Für die relevanten Kenngrößen

- Arbeitsraum
- Positioniergenauigkeit
- Werkstückgewichte
- Kinematik und
- Taktzeit

lassen sich folgende, derzeit gültige Richtwerte angeben /40, 41/:

Arbeitsraum

Die notwendigen Arbeitsräume sind durch die Werkstück- und Baugruppengrößen branchenabhängig. Aber auch beim einzelnen Anwender ergeben sich bei einer Produktänderung durch eine sich ändernde Teilebereitstellung wechselnde Arbeitsräume. Faßt man den Arbeitsraum in einen quaderförmigen Aufbau (L:Länge, B:Breite, H:Höhe), dann ergibt sich für den Fahrzeug- und Getriebebau mit L = 1000...2000 mm, B = 500...1000 mm und H > 200 mm der prozentual am häufigsten geforderte Arbeitsraum. In der Elektrotechnik und in der Feinmechanik liegen die Größen bei L = 400...800, B = 400...800 und H > 200 mm.

Positioniergenauigkeit

Erforderliche Positioniergenauigkeiten werden im Bereich von 0,02 mm bis mehrere Millimeter angegeben, wobei in der Praxis generell unter dieser Größe die Wiederholgenauigkeit beim Positionieren verstanden wird. Als problematisch erweist sich demgegenüber die Angabe einer absoluten Genauigkeit, die prozeßbedingt in der gleichen Größenordnung liegen sollte wie die angegebenen Positioniergenauigkeiten. Strukturbedingte Einflüsse wie Verformungen von Roboterarmen, Nachgiebigkeiten in Antriebsystemen und Fehler durch die kinematische Beschreibung werden deshalb häufig durch optische und kraft- bzw. momentengeregelte Fügehilfen eliminiert und Lage- und Bahnfehler durch Zusatzkinematiken ausgeglichen /37/.

Werkstückgewichte

Mit Ausnahme der in den Branchen Fahrzeug- und Getriebebau zu montierenden Werkstücke liegt derzeit das durchschnittliche Werkstückgewicht bei < 5 kg. Durch stark variierende Arbeitsraumanforderungen ergeben sich aber dennoch differenzierte Anforderungen an die verfügbaren Momente von Industrierobotern und an die Steifigkeit der Geräte.

Kinematik

Mit Ausnahme der Branchenzweige Elektrotechnik und Feinmechanik treten schräge Fügebewegungen im Raum mit einem hohen prozentualen Anteil von durchschnittlich 30% auf. Mit 4-achsigen Standardgeräten (SCARA-Roboter) sind diese Aufgaben ohne einen in den Montagevorrichtungsbau verlagerten Aufwand, der einen hohen Nebenzeitanteil durch zusätzlichen Positionieraufwand mit sich bringt, nicht zu bewältigen.

Taktzeit

Die kürzesten Taktzeiten liegen mit < 1 s ebenfalls in den Branchen Elektrotechnik und Feinwerktechnik vor, womit Richtgrößen für maximale Achsgeschwindigkeiten gegeben sind.

2.2.2.2 Anforderungen aus der Bearbeitung mit Industrierobotern

Bei der Konzeption von Industrierobotern für die Bearbeitung sind Kenngrößen zu beachten, die auch die Qualitätsmerkmale und damit den Einsatzbereich von Werkzeugmaschinen festlegen. Wesentliche Kenngrößen sind damit neben den in Kap. 2.2.2.1 genannten die verfügbaren Momente, Geschwindigkeitsverstärkungen sowie die statischen und dynamischen Steifigkeiten. Derzeit ist die konstruktive Gestaltung von Industrierobotern so, daß Geräte mit hohen Antriebsmomenten auch einen relativ großen mechanischen Aufbau (großer, überstreichbarer Arbeitsraum) aufweisen; demgegenüber werden Roboter, die nur einen kleinen Arbeitsraum überstreichen können, mit Achsantrieben versehen, die nur eine entsprechende, geringe zusätzliche Momentenbelastung zulassen. Treten nun die Kriterien kleiner Arbeitsraum und hohe verfügbare Antriebsmomente zusammen in einer Anforderungsliste auf, dann kann dem kaum entsprochen werden. Entscheidungen werden und müssen dann zugunsten überdimensionierter Geräte gefällt werden, was letztendlich

- höhere Gerätekosten
- höheren Energiebedarf
- höheren Platzbedarf (Arbeitsplatzkosten)

und damit höhere Maschinenstundensätze bedeutet, die sich dann wieder in einer Wirtschaftlichkeitsrechnung negativ niederschlagen. Steifigkeitsanforderungen stehen meist in engem Zusammenhang mit einer sensorgeführten Bearbeitung, die bei kraftschlüssigen Prozessen wie Schleifen, Entgraten und Gußputzen /42, 43/ auf Kraft- und Momentenregelungen basiert. Während beim Einsatz von Werkzeugen mit definierter Schneidengeometrie oder bei der nicht kraftschlüssigen Bearbeitung wie z.B. beim Laser- oder Wasserstrahlschneiden Angaben für dynamische Steifigkeiten, Antriebsdynamik etc. aufgrund zuvor bekannter, maximal zulässigen Bahnabweichungen am Werkstück relativ einfach gemacht werden können /44, 45/, ist bei zahlreichen Oberflächenbearbeitungen mit flexiblen Schleifkörpern kaum eine unmittelbar meßbare Größe objektiv anzugeben. Dies bedeutet, daß Anforderungen an statische und dynamische Steifigkeiten meist in Verbindung mit dem eingesetzten Werkzeug ermittelt werden müssen /21, 46/. Anhand zweier Beispiele sei dies erläutert:

Für das Verschleifen von Schweißnähten an Karosserieteilen mit flexiblen Schleifkörpern wurde nach /3, 47/ ein Sonderroboter entwickelt, der den Prozeßanforderungen "hohe Dynamik des Sensorregelkreises und weitgehend stetig verlaufende Oberfläche" mit einer niedersten mechanischen Eigenfrequenz, in diesem Fall in der Handachsenmechanik, von

$f_{o,mech} \approx 35$ Hz bei angepaßter Kinematik und angepaßtem, kleinem Arbeitsraum gerecht werden konnte (Bild 2.9).

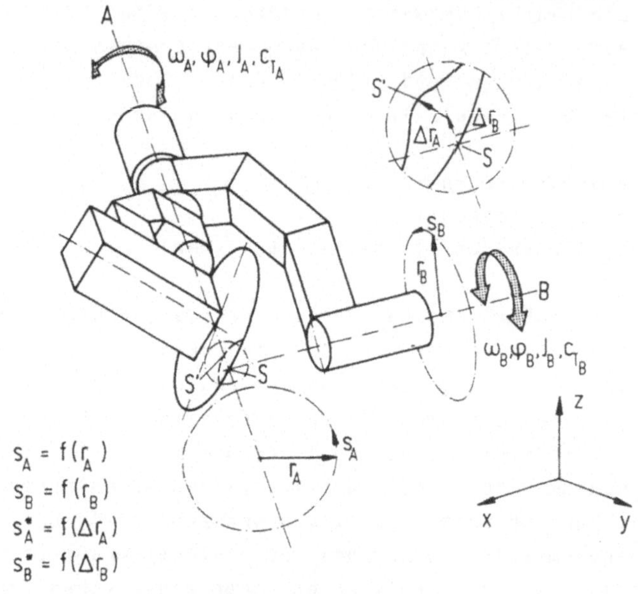

Bild 2.9: Aufbau einer Handachse für einen Schleifroboter

Der Nachteil dieses problemorientierten Geräteaufbaus liegt offensichtlich darin, daß eine Anpassung des Systems selbst an eine ähnliche Aufgabenstellung nur begrenzt möglich ist.

Auch bei der sensorgeführten Oberflächenbearbeitung von Armaturen bestimmt das Schwingungsverhalten des Roboters in Kombination mit den Eigenschaften der Schleifwerkzeuge (stationäre Bandschleifgeräte) die Qualität des Arbeitsergebnisses. Die Mindestanforderungen an die Robotermechanik ergeben sich in Abhängigkeit von der Nachgiebigkeit des Schleifkörpers und des zeitlichen Verlaufs der Führungsgrößen für den

Kraftregelkreis. Die Beurteilung des Arbeitsergebnisses selbst erfolgt, wie am Beispiel zuvor, rein subjektiv durch die Wertung des optischen Eindruckes, den die Oberfläche vermittelt (Bild 2.10).

Mittlere Steifigkeit der Scheibe im Arbeitspunkt

≈ 97 N/mm	≈ 35 N/mm
("Harte" Scheibe)	("Weiche" Scheibe)

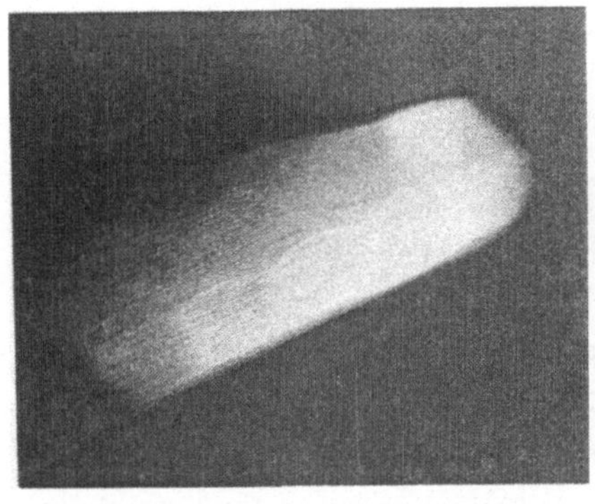

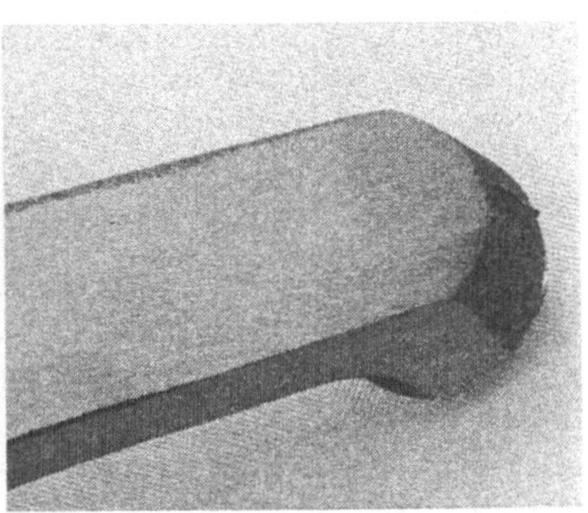

$f_{0,mech}$ = 10 Hz	$f_{0,mech}$ = 20 Hz

Max. erforderliche Führungsgrößenänderung $\Delta F/\Delta t$ = 1500 N/s

Bild 2.10: Schleifergebnisse bei unterschiedlichen Systemparametern

Der für die Aufgabe optimale Industrieroboter mit relativ kleinem Arbeitsraum, hohen Momentenreserven, hohen Steifigkeiten und einer niedersten mechanischen Eigenfrequenz von $f_{o,mech}$ ≈ 20 Hz ist als Standardgerät auf dem Markt nicht erhältlich.

Zusammen mit dem in Kap. 2.2.2.1 Dargestellten wird einerseits nun deutlich, daß aufgrund der unterschiedlichen Anforderungen von Montage- und Bearbeitungsprozessen ein modularer Aufbau von Industrierobotern zwingend notwendig ist; man kann andererseits den beispielhaften Darstellungen aber auch entnehmen, daß sich die Konzeption eines modularen Robotersystems - und besonders diejenige für die bewegungsausführenden Komponenten - an einem sehr breit angelegten Anforderungspektrum orientieren muß, um den derzeitigen Mindestanforderungen gerecht zu werden.

2.3 Elemente eines Roboter - Baukastensystems

2.3.1 Konzeption einer modularen Gerätetechnik

Die Konzeption für eine modulare Robotergerätetechnik ergibt sich nun zwangsläufig aus den Kriterien, die zur Beurteilung und Bewertung der Fertigungsflexibilität herangezogen werden (Kap. 2.1.2) sowie aus den Anforderungen, die die unterschiedlichen Aufgaben an die Gerätetechnik stellen (Kap. 2.2): Der Industrieroboter wird in geeignete, das Systemverhalten bestimmende Komponenten, nämlich Achsverbindungselemente und Antriebseinheiten für die Gelenkbewegung, zerlegt (Bild 2.11).

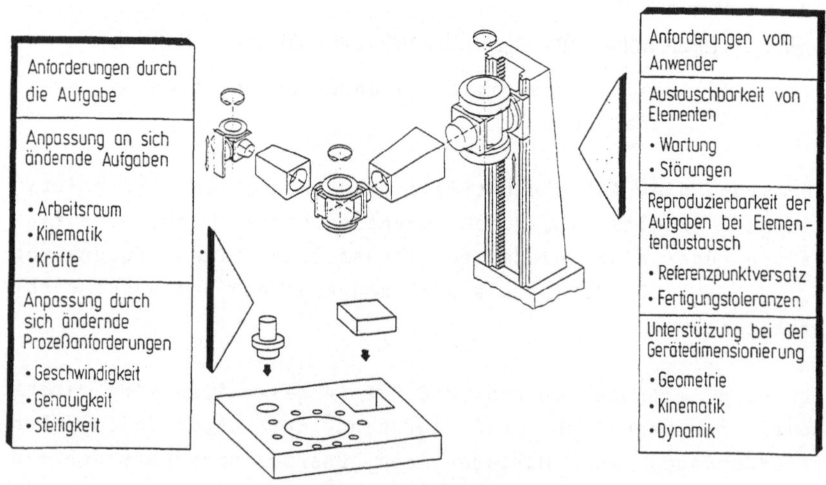

Bild 2.11: Modulare Konzeption eines Montageroboters

Für viele bestehende Roboterkonstruktionen ist es nun aber kennzeichnend, daß die Bewegungs- und Kraftübertragung über Hohlwellen, Zahnriemen etc. erfolgt. Weiterhin ist kennzeichnend, daß eine Vielzahl der Ausführungsformen von Gelenkantrieben als an das Gelenk angeflanschte Motor-Getriebe-Kombinationen mit einem hohen Platzbedarf ausgebildet sind /48/. Für die modulare Gestaltung sind diese Bauweisen deshalb nicht oder nur sehr eingeschränkt anwendbar.

Der Grundgedanke zur Schaffung geeigneter kompakter Bewegungsmoduln mit hoher Leistungsdichte beruht nun darin, aus drehzahlgeregeltem Drehstromantrieb, Getriebe, Lage- und Geschwindigkeitsmeßsystem gelenkintegrierte Antriebseinheiten mit einem minimalen Bauraum zu bilden. Durch die kompakte Gestaltung sind hohe Steifigkeiten und eine geringere Bauteileanzahl (Lager, Kupplungen etc) zu erwarten. Ermöglicht wird diese integrierte Bauweise letztendlich durch wartungsfreie, drehzahlregelbare Drehstrommotoren und deren günstigere Anpassungsmöglichkeit bezüglich ihrer Bauform an konstruktive Gegebenheiten gegenüber bisher verwendeten Gleichstrom-Servomotoren.
Es ist zu beachten, daß sich durch das Zerlegen des Industrieroboters zunächst Antriebskomponenten, aber auch Achsverbindungselemente ergeben, die aufgrund der bereitzustellenden mechanischen und elektrischen Schnittstellen einen höheren Fertigungsaufwand als entsprechende Komponenten eines Standardroboters erfordern. Ein modular aufgebauter Roboter wäre deshalb zunächst teurer als ein Komplettgerät. Wird aber bei der Konzeption des Baukastensystems darauf geachtet, daß die Antriebseinheiten aufgrund ihrer Bauweise vielfältig, das heißt nicht nur im Bau von mehrachsigen Robotern, sondern als Bewegungsmodul im gesamten Automatisierungsbereich eingesetzt werden können, dann wirkt sich dies positiv in deren stückzahlabhängigen Produktionskosten und damit auch kostensenkend auf den gesamten mechanischen Aufbau von Industrierobotern aus.

Das Bewegungsmodul, das sich durch die Zerlegung des Roboters herausbildet, stellt eine relativ komplexe Einheit dar, die die in Bild 2.12 dargestellten Funktionsgruppen aufweist. Diese bestimmen zum einen die Anpassung des Bewegungsmoduls an den Prozeß hinsichtlich Genauigkeit, Drehzahl- und Momentenbereich, zum anderen die flexible Handhabung durch den Anwender mittels geeigneten Adaptern zur Leistungsversorgung und zur Kopplung von Steuerleitungen über mechanische Schnellverschlüsse.

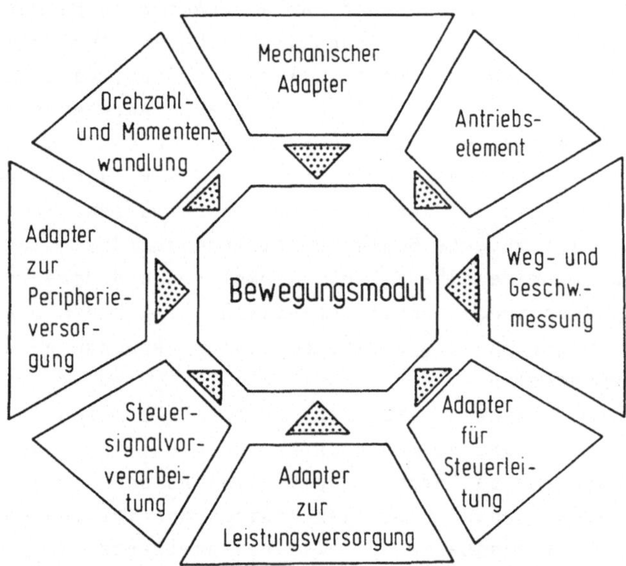

Bild 2.12: Funktionsgruppen eines Bewegungsmoduls

Den Funktionsgruppen Drehzahl- und Momentenwandlung und Weg- und Geschwindigkeitsmessung kommen hierbei eine besondere Bedeutung zu. Sie müssen so ausgebildet sein, daß sie selbst bei einer aufgabenbezogenen Auslegung einen Variationsspielraum zulassen (Moment, Drehzahl) bzw. durch Zusatzelemente eine Verbesserung des Systemverhaltens ermöglichen (Messung von Verformungen etc.). Die Steuersignalverarbeitung ist so zu konzipieren, daß sie in einer Minimalversion die Aufbereitung digitaler und analoger Weg- und Geschwindigkeitssignale erlaubt oder, im Rahmen zukünftiger, weiterführender Entwicklungen, dem Bewegungsmodul eine eigene "Intelligenz" verleiht, um regelungs- und steuerungstechnische Aufgaben dezentral zu übernehmen (vergl. Kap.5.2).

Wie in den weiteren Kapiteln gezeigt wird, ergibt sich damit ein weitgehend einheitlicher und damit auch wirtschaftlicher Aufbau von Baugruppen, die sich sowohl für die Realisierung von Bewegungsmoduln mit einem Freiheitsgrad, als auch für solche mit zwei Freiheitsgraden eignen. Die Achsverbindungselemente stellen einfache Bauelemente dar, die primär durch die Merkmale Geometrie und Werkstoff gekennzeichnet sind. Dadurch können sie optimal, auf den Einsatzfall bezogen, gestaltet werden.

2.3.2 Hilfsmittel zur Anwendung des Roboter-Baukastensystems

Neben einer gezielten, modularen Gerätetechnik als Grundvoraussetzung für ein modulares Robotersystem, bestimmen geeignete Planungshilfsmittel die Effizienz eines solchen Systems. Nur wenn die in Bild 2.11 rechts genannten Anforderungen erfüllt werden, sind Problemlösungen möglich, die Verbesserungen gegenüber solchen darstellen, die unter Verwendung von Standardrobotern und durch Zuhilfenahme bestehender Auslegungsprogramme erarbeitet wurden. Der Reproduzierbarkeit der Genauigkeit von Bewegungsbahnen kommt hierbei eine besondere Bedeutung zu. Es ist hier notwendig, daß der Anwender mittels Berechnungsprogrammen die Möglichkeit erhält, gerätetechnisch oder steuerungstechnisch Korrekturen vorzunehmen, um kinematisch bedingte Fehler zu minimieren, dies aber, ohne aufwendige, kostenintensive Messungen und programmtechnische Änderungen am Einsatzort durchführen zu müssen (Kap.6.1).

3 Konzeption von Bewegungsmoduln

3.1 Allgemeines

Durch die Integration von antriebstechnischen, meßtechnischen und steuerungstechnischen Komponenten sind Bewegungsmoduln mit rotatorischen und translatorischen Freiheitsgraden zu schaffen, die eine optimale Realisierung von Dreh-, Schwenk- und Linearbewegungen in möglichst freier Reihenfolge innerhalb beliebiger kinematischer Ketten erlauben. Über eine gezielte Ausbildung einzelner Baugruppen wird es möglich sein, kombinatorisch die genannten Bewegungsarten in einem Modul zusammenzufassen, so daß weitgehend beliebige kinematische Ketten gerätetechnisch nachgebildet werden können, aber auch weitgehend autonome, numerisch gesteuerte Bewegungseinheiten für einen großen Bereich der Automatisierungstechnik zur Verfügung stehen.

3.2 Bewegungsmodul für Linearbewegungen

In der Robotergerätetechnik beschränkt sich derzeit die modulare Gestaltung schwerpunktmäßig auf Bauweisen, die sich aus Moduln für translatorische Bewegungen zusammensetzen lassen. Werden hierzu Spindelantriebe eingesetzt, dann erfolgt die Bewegungswandlung z.B. über die sich drehende Kugelumlaufspindel. Neuere Antriebskonzepte beruhen auf dem Einsatz von Drehstrom-Linearantrieben /49,50/. Auch diese eignen sich, gegeben durch ihre Bauformen, in hervorragender Weise als Bewegungskomponente für modulare Systeme; die Vor- und Nachteile gegenüber dem im Folgenden dargestellten Antriebskonzept werden deshalb in Kap. 3.2.3 noch aufgeführt.

3.2.1 Möglichkeiten des Modulaufbaus

Grundlage für den Modulaufbau bildet ein Antriebskonzept, bei dem das bisherige Bewegungsprinzip über Kugelumlaufspindeln umgekehrt wird: Die Spindelmutter wird in den Rotor des Antriebsmotors integriert, die Kugelumlaufspindel selbst wird fest eingespannt. Dies setzt einen Drehstrommotor voraus, dessen Rotor als Hohlläufer ausgebildet werden kann. Eine derartige Anordnung wird in /51/ beschrieben. Der so gewählte Aufbau der Funktionselemente führt zu folgenden Vorteilen:

- Durch die feststehende Spindel verringert sich gegenüber der herkömmlichen Bauart die Anzahl der Lagerstellen, und es entfällt die Kupplung zwischen Motor und Spindel.
- Das Massenträgheitsmoment, das einen wesentlichen Einfluß auf das dynamische Verhalten eines Antriebssystems hat, wird verringert, da das kleine Massenträgheitsmoment der Kugelumlaufmutter gegenüber dem bei konventionellen Antrieben vorherrschenden Spindelträgheitsmoment vernachlässigt werden kann.
- Das Getriebe zur Reduktion des Massenträgheitsmoments der Spindel entfällt.
- Die Torsionssteifigkeit der Spindel wird durch die beidseitige feste Einspannung erhöht.
- Die Verringerung mechanischer Bauteile erhöht die Gesamtsteifigkeit des Systems.
- Der Bereich kritischer Drehzahlen kann erhöht werden.
- Durch die bauliche Einbindung des Antriebsmotors und der Meßsysteme ergibt sich ein geringer Platzbedarf.

Bild 3.1 zeigt, wie ein Bewegungsmodul für Linearbewegungen danach gestaltet werden kann. Gegenüber einer Ausführung nach /51/ wird die Linearbewegung hier über zwei mechanisch getrennte Antriebssysteme (Motoren und integrierte Spindelmuttern) erzeugt. Die so gebildete Baugruppe kann, wie noch gezeigt wird, auch für Bewegungsmoduln mit zwei Freiheitsgraden verwendet werden. Dies entspricht dem Gedanken eines modularen Systems unter dem Aspekt einer Bauteileminimierung.

Werden nun beide Motoren mit derselben Führungsgröße angesteuert (vergl. Kap. 5.1), dann erhält man eine Linearbewegung, die sich über zwei Anordnungsmöglichkeiten ableiten läßt:

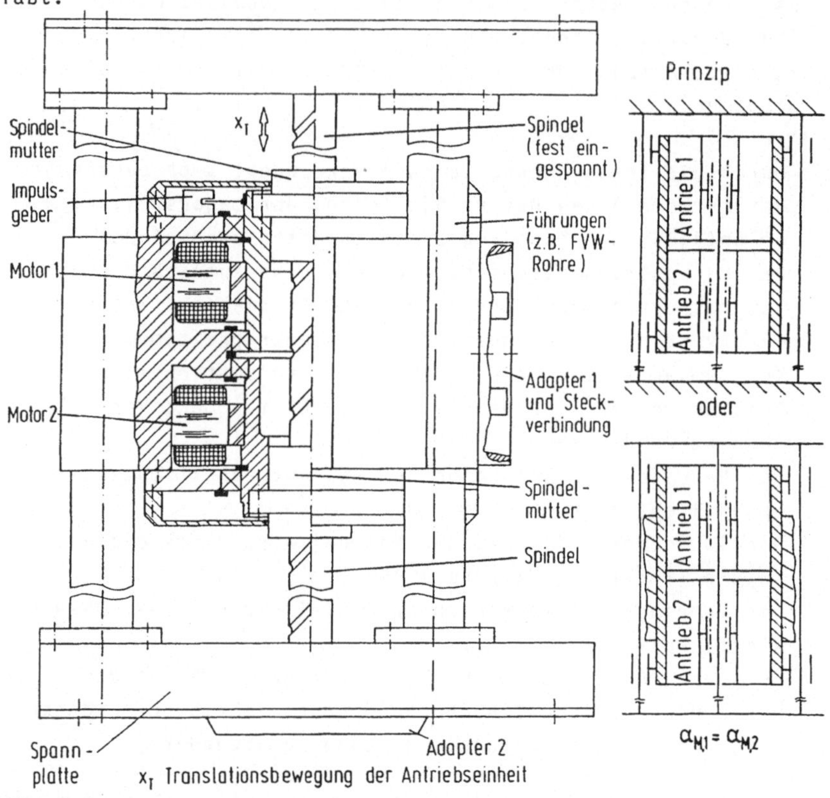

Bild 3.1: Bewegungsmodul für Linearbewegungen

- Adapter 1 ist ortsfest und Adapter 2, verbunden mit einer Spannplatte und den Führungselementen, führt die Linearbewegung aus. In dieser Anordnung bietet sich das Bewegungsmodul z.B. als allgemeine Hubachse im Baukastensystem, als Linearachse für SCARA-Roboter und als Radialachse für Industrieroboter mit einem Hauptachsenaufbau in Zylinderkoordinaten an.

- Adapter 2 ist ortsfest, die Linearbewegung wird über das integrierte Antriebssystem abgeleitet. Diese Anordnung entspricht dem üblichen Gebrauch von Bewegungsmoduln für Linearbewegungen nach dem Stand der Technik, jedoch mit den zuvor genannten Vorteilen.

Die Adapter stellen die mechanische Schnittstelle als form- und kraftschlüssige Verbindung zu weiteren Bewegungsmoduln und zu Achsverbindungselementen beliebiger Geometrie dar. Weiterhin sind alle Steckverbindungen für die Leistungsversorgung und die Steuersignale in diese integriert.

3.2.2 Eigenschaften des Moduls

Das angestrebte Ziel, nämlich eine einheitliche Konzeption von Bewegungsmoduln für Industrieroboter, bestimmt wesentlich die Gestaltung dieser Elemente, und wie ein Vergleich mit den in den weiteren Kapiteln vorgestellten Bewegungsmoduln zeigt, wird die Gestaltung des Linearmoduls diesem Ziel gerecht. Es gibt aber noch zwei konstruktive Eigenschaften, die den Vorteil dieses Antriebssystems gegenüber konventionellen Spindel-Mutter-Antriebssystemen verdeutlichen:

- Durch die beidseitig feste Einspannung der Spindel erhält man einen qualitativen Verlauf der Torsionssteifigkeit, der demjenigen der Spindellängssteifigkeit gleich ist, also eine zur Spindelmitte symmetrische, hyperbolisch ansteigende Steifigkeitskennlinie. Der minimale Steifigkeitswert GI_p/l liegt hierbei um den Faktor 4 höher als bei konventionellen Antrieben.
- Dadurch, daß beim Vorspannen der Spindel Restriktionen durch die Spindellagerung entfallen, kann relativ einfach und unproblematisch eine Erhöhung der Eigenfrequenzen der Biegeschwingungen erreicht werden, was gleichbedeutend mit einer Erhöhung der kritischen Drehzahl für das Antriebssystem ist.

Betrachtet man die Spindel als einen Balken mit einer konstanten Massenbelegung q_A und einer konstanten Biegesteifigkeit EI, dann sind die Eigenfrequenzen der Biegeschwingungen abhängig von der Einspannungsart des Balkens und von der Art seiner Vorbelastung; axialer Druck setzt bekanntlich die kritische Drehzahl herab, während axialer Zug die kritische Drehzahl erhöht /52/. Bei konventionellen Spindel-Mutter-Antrieben kann man das Spindelsystem idealisiert und abhängig von der konstruktiven Ausführung als beidseitig gelenkig gelagerten, oder als gelenkig und einseitig fest gelagerten Balken betrachten /53/. Für die in Bild 3.1 dargestellte Antriebsart gilt eine beidseitig feste Einspannung. Aus den Differentialgleichungen für die Biegeschwingungen kann nun derjenige Parameter bestimmt werden, der die Erhöhung der kritischen Winkelgeschwindigkeit ω_k in Abhängigkeit der Lagerungsart und der Vorspannung beschreibt. Für die erstgenannte Ausführung kann dieser Parameter explizit bestimmt werden /52/; er ergibt sich zu

$$x = k^2\pi^2\sqrt{1 + \frac{F_A l^2}{k^2\pi^2 EI}} \tag{3.1}$$

$(k = 1, 2, 3 \dots)$,

womit sich die kritische Winkelgeschwindigkeit ergibt zu

$$\omega_k = \frac{x}{l^2}\sqrt{\frac{EI}{\rho A}} \tag{3.2}$$

Für die zweitgenannte Ausführung , insbesondere aber auch für die beidseitig fest eingespannte Spindel, kann x nur numerisch bestimmt werden. Eine graphische Darstellung der Ergebnisse zeigt zusammenfassend Bild 3.2.

Damit können die kritischen Werte von ω_k bestimmt werden. Die Größe der Spindelvorspannung F_A, die hierbei auf die

Euler'sche Knicklast $F_{E,Sp}$ bezogen ist, muß unter zwei Gesichtspunkten beachtet werden.

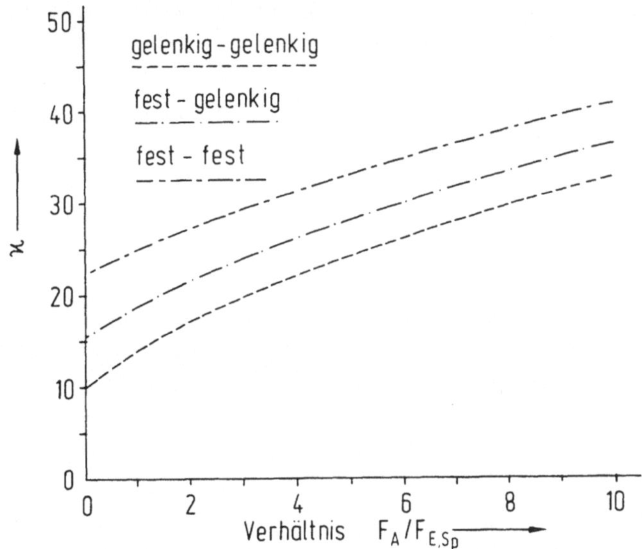

Bild 3.2: Einfluß der Vorspannung auf die erste Biegeeigenfrequenz unterschiedlicher Spindelantriebe

Zunächst muß $F_{E,F} >> F_{E,Sp}$ ($F_{E,F}$-Euler'sche Knicklast für das mechanische Führungssystem) sein, was durch die konstruktive Gestaltung der Führungen problemlos erreicht werden kann. Eine Vorspannung in den in Bild 3.2 dargestellten Größenordnungen bewirkt außerdem eine Steigungsänderung Δh der Spindel, die u.U. bei der Spindelherstellung berücksichtigt werden muß.

3.2.3 Vergleich von Bewegungsmoduln für Linearbewegungen

Der Vergleich zwischen einem Bewegungsmodul mit feststehender Spindel und einem konventionellen Linearantrieb in Tab. 3.1 zeigt den Vorteil der gewählten Bauweise durch Bauteilminimierung und optimale Gestaltung der bewegungsausführenden Elemente. Dabei ist zu bemerken, daß Verbesserungen des Systemverhaltens erzielt wurden, obwohl durch die Verwendung einer handelsüblichen Kugelumlaufspindel $F_A << F_{E,Sp}$ gewählt werden mußte /48, 51/.

Bedingt durch ihren einfachen, elektromechanischen Aufbau eignen sich auch Linear-Direktantriebe, wie schon erwähnt, als Antriebsmodul in der Fertigungs- und Montagetechnik. Der in /49/ vorgestellte Linear-Direktantrieb weist einige Kenndaten auf, die auch von dem in Kap. 3.2.1 betrachteten Bewegungsmodul nicht erreicht werden. Besonders sind hier die extrem hohen Beschleunigungswerte von $a_T = 40\ m/s^2$ und die möglichen Geschwindigkeitsverstärkungen von $K_v=500\ s^{-1}$ bei direkter Lagemessung zu erwähnen. Die Ursache liegt darin, daß die sonst notwendigen, mechanischen Übertragungsglieder, die durch ihre Nachgiebigkeiten und Nichtlinearitäten das dynamische Verhalten negativ beeinflussen, nicht vorhanden sind. Abgesehen davon, daß der Linear-Direktantrieb das Ziel einer einheitlichen Bewegungserzeugung nicht erfüllt, weist er noch einige weitere Nachteile auf:

- hohe Quantisierungsfehler in der Geschwindigkeit,
- geringes Leistungsgewicht P/m_{ges},
- hohe Systemkosten,
- keine Möglichkeit der Anpassung an einen hohen Momentenbedarf bei sonst gleichbleibendem Systemaufbau wie z.B. über die Spindelsteigung

Legt man die Kenndaten eines Bewegungsmoduls mit feststehender Spindel nach Tab. 3.1 zugrunde, dann können bei vergleichbaren bewegten Massen von 50 kg und bei einer zulässigen Erhöhung der Spindelsteigung von h = 5 mm auf h = 25 mm die in Tabelle 3.2 aufgeführten Vergleichsdaten erreicht werden.

Kenngröße	Konventioneller Antrieb	Integrierter Antrieb
Durchmesser der Kugelumlaufspindel	40 mm	25 mm
Gewindesteigung	10 mm	5 mm
Länge der Spindel	2000 mm	2000 mm
Masse der bewegten Teile	400 kg	400 kg
Steifigkeit zwischen Motor und Schlitten	15 ... 35 N/µm	36 ... 66 N/µm
1. mech. Eigenfrequenz	25 ... 40 Hz	48 ... 65 Hz
Steigungsfehler Δh bei $F_A = 2F_{E,Sp}$	nicht möglich	0, 04 mm

Tabelle 3.1: Vergleich von Linearantrieben (1)

Kenndaten	Bewegungsmodul	Linear-Direktantrieb
Maximal zulässige Dauerbelastung am Schlitten (Begrenzung durch Motor)	2500 N	2000 N
Maximale Geschwindigkeit	0,9 m/s	3 m/s
Tischmasse	< 50 kg	50 kg
Statormasse	6 kg	12 kg
Steifigkeit	36...66 N/µm	200 N/µm
1. mechan. Eigenfrequenz	> 135...180 Hz	keine

Tabelle 3.2: Vergleich von Linearantrieben (2)

Zusammenfassend kann festgestellt werden, daß der Linear-Direktantrieb hinsichtlich seines dynamischen Verhaltens und bei der Realisierung langer Verfahrwege große Vorteile bietet. Das im Vergleich hohe Leistungsgewicht des Bewegungsmoduls mit feststehender Spindel, im wesentlichen bedingt durch eine geringere Statormasse und der im Verhältnis zum Sekundärteil des Direktantriebes geringen Spindelmasse, läßt einen vielseitigeren und umfassenden Einsatz als modulare Komponente, insbesondere bei Industrierobotern, zu. Im Sinne eines einheitlichen Konzepts für die Bewegungsmoduln gewinnt dies an Bedeutung, da dieser Linearantrieb unproblematisch um einen Freiheitsgrad erweitert werden kann.

3.3 Bewegungsmodul für Linear-/Drehbewegungen

Ungefähr 50% der derzeitig auf dem Markt angebotenen, unterschiedlichen Industrierobotertypen weisen Achskonfigurationen auf, die in unmittelbarer Reihenfolge Linear- und Drehbewegungen beinhalten /54/. Es sind dies im wesentlichen Portalroboter (≈ 17%), SCARA-Roboter (≈ 15%), Handhabungsautomaten zur Beschickung von Maschinen (≈ 11%) und spezielle Robotertypen, die insbesondere in der Automobilindustrie eingesetzt werden (≈ 4%; vergl. Bild 6.5). Auch in der Montagetechnik stellen Hub-/Drehachsen-Kombinationen weit verbreitete Kinematiken dar.

Üblicherweise erfolgt die Bewegungsausführung bisher über örtlich getrennte Antriebe, was einen kompakten, gewichtssparenden Aufbau, die Steifigkeit der Antriebsstränge und damit deren dynamische Eigenschaften sowie die Verwendbarkeit für einen modularen Roboteraufbau negativ beeinflußt.

Das Bewegungsmodul für Linearbewegungen nach Kap. 3.2 kann nun durch eine minimale Bauteileadaption zu einem Bewegungsmodul umgestaltet werden, das die oben genannten Nachteile bisheriger Achsanordnungen vermeidet und sich optimal in eine einheitliche Gesamtkonzeption einbinden läßt. Im weiteren werden unterschiedliche Ausführungen hierzu sowie deren Eigenschaften beschrieben.

3.3.1 Linear-/Drehmodul, Variante I

Der gedankliche Übergang zu einem System mit zwei Freiheitsgraden besteht nun darin, daß die gewählte, feste Ein-

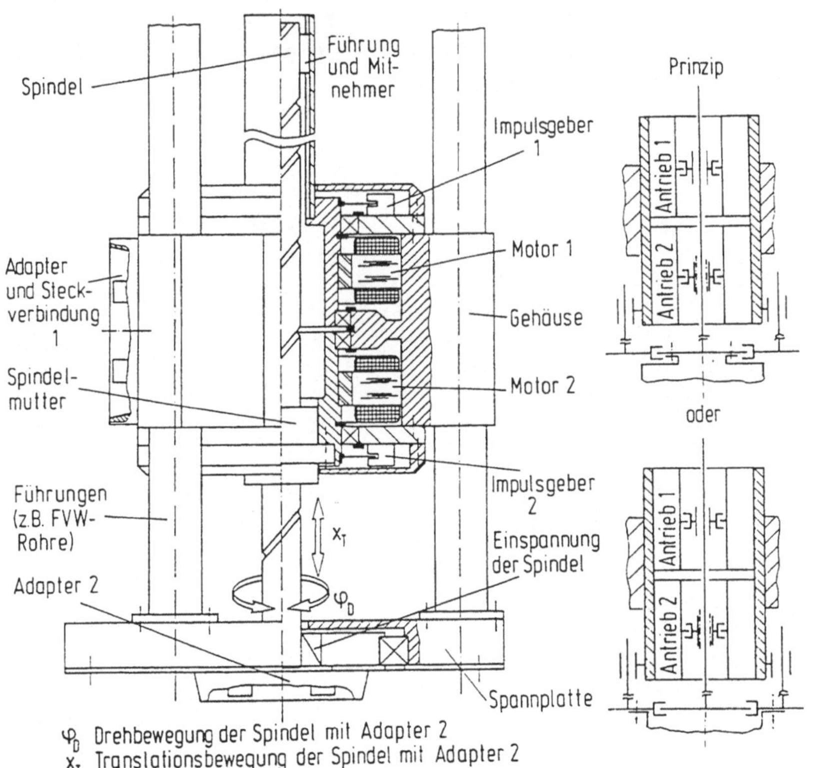

Bild 3.3: Bewegungsmodul für Linear-/Drehbewegungen, Variante I

spannung der Spindel über einen Motor (Motor 1) "positionierbar" gestaltet wird. Anstatt mit einer Spindelmutter wird das Rotorteil mit einer Führung und einem Mitnehmer für die Spindel versehen; Motor 2 wird mit einem zusätzlichen Meßsystem (Impulsgeber) für die Lage- und Geschwindigkeitserfassung ausgerüstet (Bild 3.3) /55, 56/.

Für kleine Verfahrwege x_T wird die Führungsfläche vorteilhaft am Rotorteil angebracht, bei großen Verfahrwegen an der Spindel. Die Führungsflächen können, wie Versuche gezeigt haben, ohne Beeinträchtigung der Kugellaufflächen an den Kugelgewindespindeln angebracht werden, da die Betriebslinie auf der Lauffläche meist unter einen Winkel von 45° zur Achsrichtung verläuft (Bild 3.4).

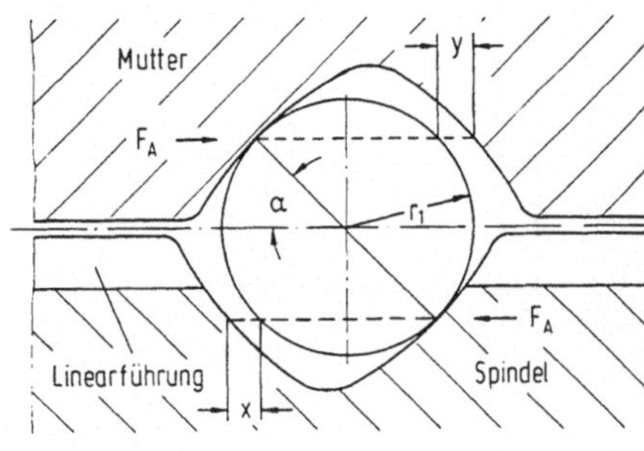

Bild 3.4: Spitzbogenprofil mit Führungsnut oder Führungsfläche

α Kontaktwinkel (45°)
r_1 Kugelradius
F_A Kraft
x,y Spiel

Die kinematischen Beziehungen für dieses Modul lauten:

$$\varphi_D = \alpha_{M,1} \tag{3.3}$$

$$\dot{\varphi}_D = \dot{\alpha}_{M,1} \equiv \omega_{M,1} \tag{3.3a}$$

$$x_T = \frac{(\alpha_{M,2} - \alpha_{M,1})h}{2\pi} \qquad (3.4)$$

$$\dot{x}_T = \frac{(\dot{\alpha}_{M,2} - \dot{\alpha}_{M,1})h}{2\pi} \; ; \quad \dot{\alpha}_{M,2} \equiv \omega_{M,2} \qquad (3.4a)$$

x_T und φ_D sind üblicherweise die zur Bewegungsbeschreibung verwendeten kinematischen Größen, während $\alpha_{M,1}$ und $\alpha_{M,2}$ die Sollgrößen für die Rotorpositionswinkel darstellen. Für $\alpha_{M,1}=0$ und $\alpha_{M,2}\neq 0$ liegt eine reine Linearbewegung vor; für $\alpha_{M,1} = \alpha_{M,2}$ eine reine Drehbewegung. Wird Adapter 2 nicht als Schnittstelle für ein weiteres Bewegungsmodul oder ein Achsverbindungselement verwendet, sondern die mit den Führungen fest verbundene Spannplatte, dann können durch $\alpha_{M,1} = \alpha+\varepsilon$ und $\alpha_{M,2} = \alpha$ Linearbewegungen mit hoher Geschwindigkeitskonstanz erzielt werden ($\alpha >> \varepsilon$).
Wirkt eine äußere Kraft F_A auf das Antriebssystem, dann gilt für die statische Momentenbelastung unter der Bedingung $\alpha_{M,1} = 0$ die bekannte Formulierung /57/:

$$M_{M,2} = r_{Sp} \, F_A \tan(\gamma+\rho.) \qquad (3.5)$$

Da keine Drehbewegung auftreten darf, wirkt an Motor 1 das entsprechende Gegenmoment. Dieser wirkt immer als Direktantrieb, d.h. sein Störverhalten auf ein äußeres Moment bestimmt im wesentlichen das Störverhalten des Moduls /58/. Äußere Momente sind ideal betrachtet ausschließlich von ihm aufzubringen, wenn man gleiche Steifigkeiten in beiden Antriebssträngen voraussetzt. Für $\alpha_{M,2}=0$ und $\alpha_{M,1}\neq 0$ ergibt sich eine kombinierte Dreh-/Linearbewegung und als statische Momentenbelastung für Motor 1

$$M_{M,1} = r_{Sp} \, (-F_A) \tan(\gamma+\rho.) + M_\varphi \qquad (3.6)$$

$$= M_F + M_\varphi \qquad (3.6a)$$

und für Motor 2 entsprechend das Reaktionsmoment

$$M_{M,2} = - M_F \tag{3.7}$$

Eine weitere Momentenkopplung für die beiden Antriebssysteme ergibt sich bei Beschleunigungsvorgängen, wodurch das Führungsverhalten ebenfalls wesentlich beeinflußt wird. Aus der Betrachtung von Dreh- und Linearbeschleunigungsvorgängen ergeben sich folgende Zusammenhänge:

$$\dot{\omega}_{M,1}(J_{R,1} + J_{Sp}^* + J_{ers}) = M_{M,1} + \dot{\omega}_{M,2}\, J_{ers} \tag{3.8}$$

$$\dot{\omega}_{M,2}(J_{R,2} + J_{ers}) = M_{M,2} + \dot{\omega}_{M,1}\, J_{ers} \tag{3.9}$$

$$J_{ers} = \frac{m_{Sp}^* \; r_{Sp} h(\tan\gamma + \mu)}{2\pi(1 - \mu \tan\gamma)} \tag{3.10}$$

$$(m_{Sp}^* \equiv m_{Sp} + m_o \; ; \; J_{Sp}^* \equiv J_{Sp} + J_0)$$

Für das Bewegungsmodul, ausgerüstet mit drehzahlgeregelten Asynchronmotoren /59/, erhält man bei steifer Mechanik und einer Lageregelung mit Proportionalreglern eine Regelkreisstruktur, wie sie in Bild 3.5 dargestellt ist. Für die Übertragungsfunktionen $K_0 \ldots\ldots K_7$ gilt hierbei:

$$K_0 = J_{ers}; \quad K_1 = 2\pi/h; \quad K_2 = 1; \quad K_3 = h/2\pi$$

$$K_4 = 0; \quad K_5 = 1; \quad K_6 = h/2\pi; \quad K_7 = 1;$$

Der Nachteil dieser Modulkonzeption wird anhand der Regelkreisstruktur nochmals deutlich: Das Übertragungsverhalten des gekoppelten Systems wird im wesentlichen von Motor 1 (Direktantrieb) entsprechend seiner Dimensionierung bestimmt (s. Kap. 3.3.4).

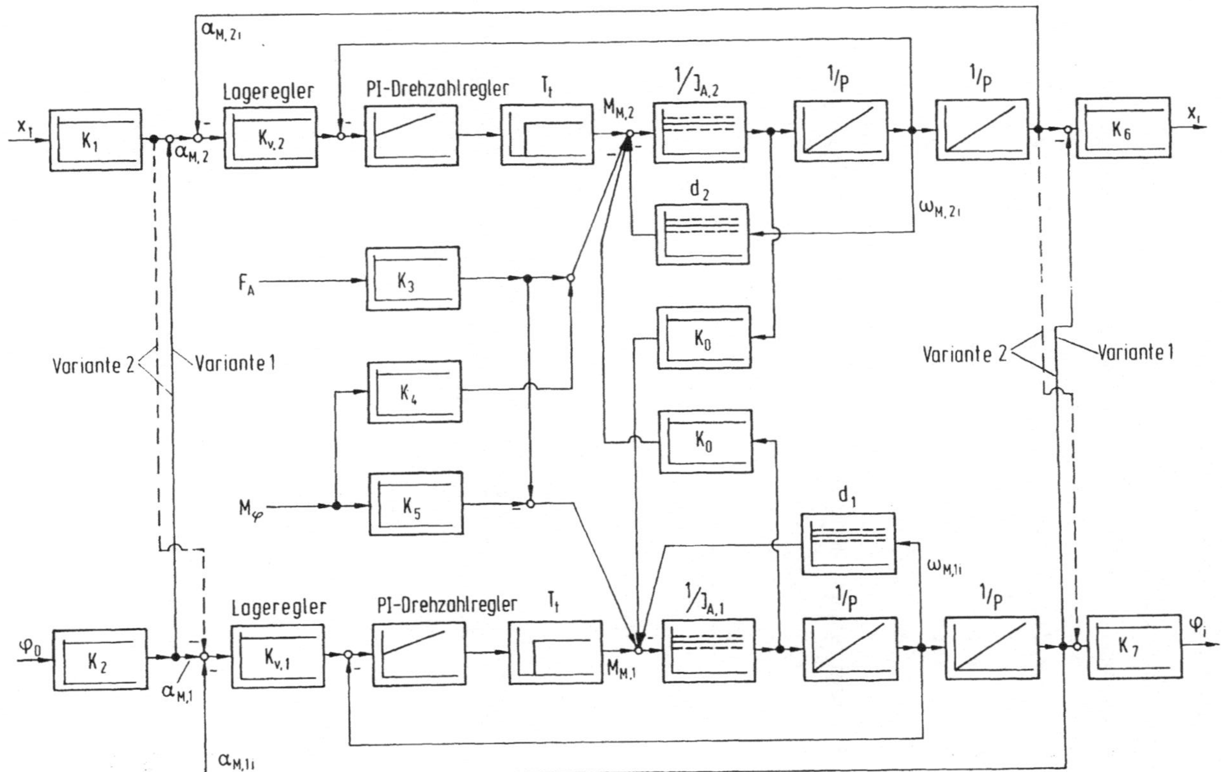

Bild 3.5: Blockschaltbild des Regelkreises für Linear-/Drehmoduln bei starrer Mechanik

3.3.2 Linear-/Drehmodul, Variante II

Ein erster Schritt, das im vorangegangenen Kapitel gezeigte Bewegungsmodul zu verbessern, kann dadurch vollzogen werden, daß zwei im Prinzip gleich gestaltete Einzelantriebssysteme verwendet werden, wobei einer der beiden Antriebe eine Spindelmutter mit linksgängigem, der andere Antrieb eine Spindelmutter mit rechtsgängigem Gewinde aufweist /60/. Dementsprechend ist auch eine links- und rechtsgängige Spindel einzusetzen (Bild 3.6).

Die kinematischen Beziehungen für dieses Bewegungsmodul lauten:

$$\varphi_D = \frac{\alpha_{M,1} + \alpha_{M,2}}{2} \tag{3.11}$$

$$\dot{\varphi}_D = \frac{\dot{\alpha}_{M,1} + \dot{\alpha}_{M,2}}{2} \tag{3.11a}$$

$$x_T = \left(\frac{\alpha_{M,2} - \alpha_{M,1}}{2} \right) \frac{h}{2\pi} \tag{3.12}$$

$$\dot{x}_T = \left(\frac{\dot{\alpha}_{M,2} - \dot{\alpha}_{M,1}}{2} \right) \frac{h}{2\pi} \tag{3.12a}$$

$$(\dot{\alpha}_{M,1} \equiv \omega_{M,1}; \ \dot{\alpha}_{M,2} \equiv \omega_{M,2})$$

Ideal betrachtet erhält man somit zwei dynamisch gleich wirkende Antriebe, auf die eine symmetrische Lastverteilung erfolgt. Dies gilt sowohl für äußere Kräfte als auch Momente, wobei beide Motoren bei Drehbewegungen als Direktantriebe wirken.

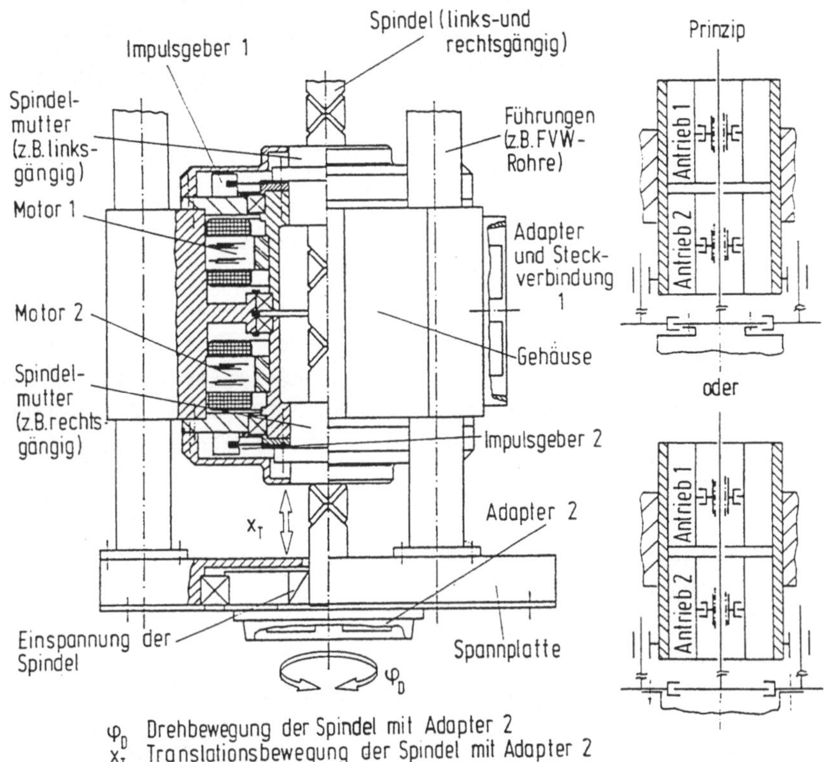

Bild 3.6: Bewegungsmodul für Linear-/Drehbewegungen, Variante II

Die Berechnung der statischen Belastung der Antriebe erfolgt gemäß Gleichung (3.5); aus den Linear- und Drehbeschleunigungsvorgängen erhält man wiederum folgende Zusammenhänge:

$$\dot{\omega}_{M,1} \left(J_{R,1} + \frac{1}{4} J_{SP} + \frac{1}{4} J_{ers}\right) = M_{M,1} + \frac{1}{4} \dot{\omega}_{M,2} \left(J_{ers} - J_{Sp}\right) \tag{3.13}$$

$$\dot{\omega}_{M,2} \left(J_{R,2} + \frac{1}{4} J_{SP} + \frac{1}{4} J_{ers}\right) = M_{M,2} + \frac{1}{4} \dot{\omega}_{M,1} \left(J_{ers} - J_{Sp}\right) \tag{3.14}$$

Durch die konstruktive Ausführung ist dabei $J_{R,1}=J_{R,2}$ gegeben. Als Regelkreisstruktur erhält man die in Bild 3.5 dargestellte Form mit folgenden Werten für die Übertragungsfunktionen $K_0 ... K_7$:

$K_0 = (J_{ers} - J_{Sp})/4$; $K1 = 2\pi/h$; $K_2 = 1$; $K_3 = h/4\pi$;

$K_4 = 1/2$; $K_5 = 1/2$; $K_6 = h/4\pi$; $K_7 = 1/2$

Dem Vorteil einer symmetrischen Lastverteilung für das Bewegungsmodul steht eine aufwendigere Spindelherstellung gegenüber, ferner ist bei der Dimensionierung darauf zu achten, daß bei gekoppelten Bewegungen für hohe Drehzahlen keine Begrenzungen erreicht werden (Beispiel: Bei $\alpha_{M,2}=0$ => $\dot{\alpha}_{M,1}=2\ \dot{\varphi}_D$).

3.3.3 Bewegungsmoduln für Linear-/Drehbewegungen in Motor-Getriebe-Kombinationen

In den zuvor betrachteten Bewegungsmoduln wirken die Motoren bei Drehbewegungen als Direktantriebe. Der für eine ausreichend hohe Dynamik erforderliche Momentenbedarf zieht ein hohes Eigengewicht nach sich, weshalb der Direktantriebseinsatz bisher im wesentlichen auf Grundachsen für Industrieroboter beschränkt /58, 61/ blieb. Für Anwendungsbereiche, bei denen dynamische Eigenschaften eine untergeordnete Rolle spielen oder in denjenigen Fällen, bei denen äußere Momente und Fremdträgheitsmomente klein sind, so daß das in der kinematischen Kette mitbewegte Modul in seinem Eigengewicht (Momentenbedarf) niedrig gehalten werden kann (z.B. Montage in der Feinmechanik und im Elektronikbereich), sind die Bewegungsmoduln in der bisher gezeigten Konzeption dennoch sehr gut geeignet.

Um den Anwendungsbereich zu erweitern, liegt es nahe, durch

den Einsatz einer geeigneten Getriebeanordnung eine Momentenanpassung durchzuführen. In Bild 3.7 sind weitere Varianten von Linear-/Drehmoduln aufgezeigt, die so konzipiert sind, daß die Getriebebaugruppe für alle Varianten verwendet werden kann. Dies entspricht wiederum dem Gedanken einer einheitlichen Bewegungserzeugung bei gleichzeitiger Minimierung der Bauteilevielfalt.

Variante III:

Hier liegt das Getriebe im Kraftfluß zwischen "Spindeleinspannung" und Rotor. Zu Momentenreduktionen sind Getriebe mit einer Übersetzung von $i_G < 5$ meist ausreichend. Beispielhaft ist hier ein Umlaufrädergetriebe aufgeführt, das eine ausreichende Hohlwellenausbildung für die Spindel zuläßt. Der Vorteil der Anordnung liegt darin, daß über den Getriebesatz zur Momentenanpassung nur die Rotationsgeschwindigkeit φ_D reduziert wird, die Lineargeschwindigkeit, gemessen am getriebelosen Modul, jedoch gleich bleibt.

Variante IV:

Bei dieser Variante sind zwei Getriebesätze notwendig, die jeweils im Kraftfluß zwischen Spindelmutter und Rotor liegen. Hier ist zu beachten, daß eine Reduktion der Lineargeschwindigkeit um den Faktor der Getriebeübersetzung bewirkt wird.

Variante V und VI:

Bei der Beurteilung der bisherigen Varianten wurde vorausgesetzt, daß die äußere Momentenbelastung nur eine Adaption bezüglich des Antriebsmoments der Motoren erfordert; die Torsionssteifigkeit der Spindel wurde als ausreichend betrachtet. Geht man davon aus, daß die Linearführungselemente ausreichend steif gestaltet werden können, dann gibt es An-

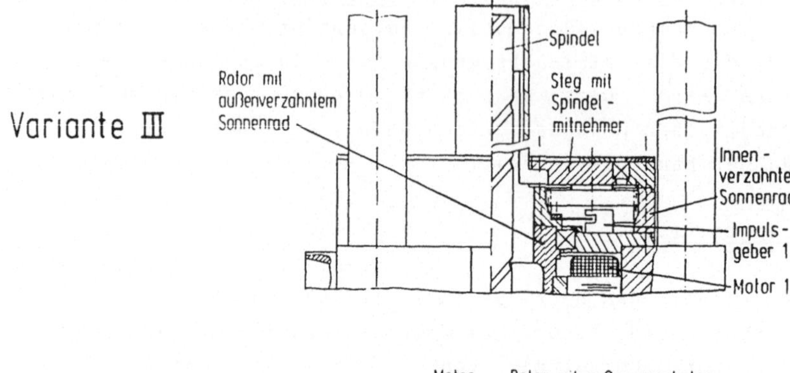

Variante IV

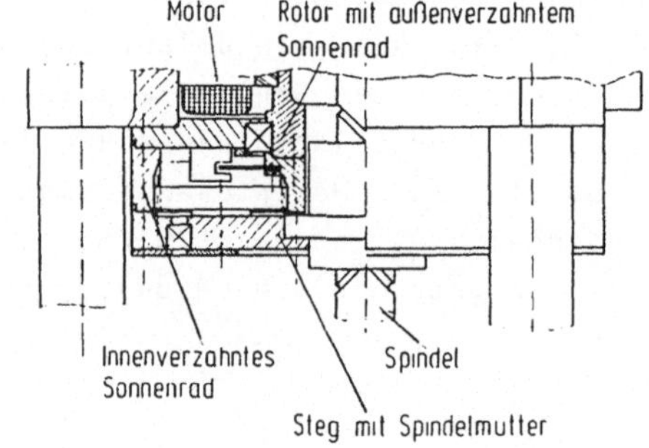

Variante V und VI, mit Grundausführung nach I und II

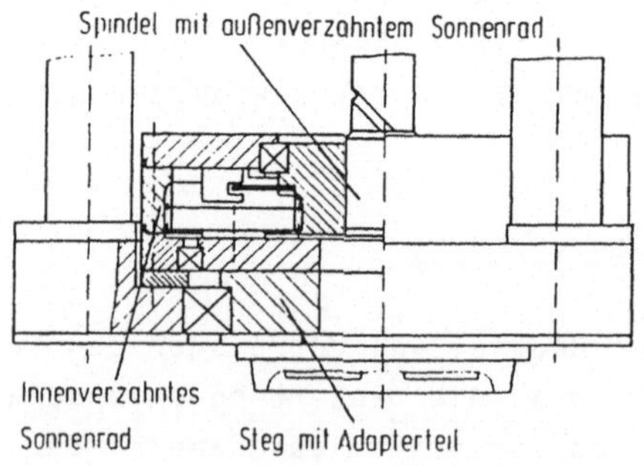

Bild 3.7: Bewegungsmoduln in Motor-Getriebe-Kombinationen

wendungsbereiche, bei denen die Torsionssteifigkeit der Spindel das Übertragungsverhalten der Moduln sowohl statisch als auch dynamisch weitgehend bestimmt. Hierzu gehört z.B. der Einsatz des Moduls als Hauptachse für einen Industrieroboter (vergl. Bild 6.4). Das Getriebe wird dann dort angebracht, wo die Torsionsmomente in die Spindel eingleitet werden bzw. wo die Fremdträgheitsmomente wirken: an der Spannplatte.
Die Auswirkungen derartiger Konzeptionen auf das dynamische Verhalten werden u.a. im folgenden Kapitel beispielhaft dargestellt.

3.3.4 Übertragungsverhalten der Linear-/Drehmoduln

Es ist eine grundlegende Forderung an lagegeregelte Bewegungseinheiten, daß Lagesollwerte möglichst verzerrungsfrei in Lageistwerte dieser Bewegungseinheiten umgesetzt werden. Kann diese Forderung nicht erfüllt werden, dann kommt es bei Mehrachsbewegungen zu unerwünschten Bahnverzerrungen, die im wesentlichen von

- unterschiedlichen Geschwindigkeitsverstärkungen
- ungleicher Antriebsdynamik und
- nichtlinearer Signalübertragung (Strombegrenzungen, Umkehrspanne)

abhängig sind. Dieser Forderung unterliegen selbstverständlich auch die Bewegungsmoduln bei ihrer Anwendung als drehzahl- und lagegeregelte Komponenten eines Baukastensystems. Durch die Beschleunigungs- und Kinematikkopplung der Antriebssysteme bekommt dieser Sachverhalt jedoch eine besondere Bedeutung.

Bei Vorgabe einer Bewegung in einer Achsebene (z.B. nur Drehbewegung) können sich Übertragungsfehler in Form einer gekoppelten Bewegung in der zweiten Achsebene (z.B. Linearbewegung) auswirken (s. hierzu auch Bild 3.5). Die Stärke der Kopplung ist bei Linear-/Drehmoduln wesentlich von der Spindelsteigung abhängig, die aber gemäß dem Wunsch nach hohen Verfahrgeschwindigkeiten grundsätzlich als sehr hoch angenommen werden muß ($h \geq 20mm$). Für die einzelnen Varianten der Bewegungsmoduln gilt nun, daß sich konstruktionsbedingt das Übertragungsverhalten beeinflussende Größen wie Störkräfte und Störmomente sowie sich ändernde Massenträgheitsmomente, unterschiedlich auswirken.

Betrachtet man Variante I, dann wird klar, daß der Forderung, den Einfluß des Massenträgheitsmomentes einer Zusatzmasse gering zu halten ($J_D << J_{M,1}; J_{M,2}$), nicht immer entsprochen werden kann. Da die Antriebssysteme bei gleichen Motoren nicht identisch aufgebaut sind, können gleiche Werte für die Kennkreisfrequenzen $\omega_{0A,1} = \omega_{0A,2}$ nicht erreicht werden. Beispielhaft sind hierzu die Auswirkungen auf das Positionierverhalten in Bild 3.8 dargestellt: Für ein zusätzliches Massenträgheitsmoment $J=J_0$ ($I_{M,1} = I_{M,max}$) ergibt sich der Koppelfehler aus einer unterschiedlichen Antriebsdynamik; für $J>J_0$ bestimmt die Strombegrenzung im wesentlichen den Koppelfehler /41/.

Wie man leicht erkennen kann, tritt diese Fehlerart bei Variante II, bedingt durch den identischen Aufbau der beiden Antriebssysteme, nicht auf (gleiches mechanisches Verhalten vorausgesetzt). Bild 3.9 zeigt einen Vergleich des Störverhaltens der beiden Varianten bei konventioneller P-Lageregelung und einer sprungförmigen Laständerung Δm: Bei vergleichbaren Laständerungen Δm sind die Positionsabweichungen in Drehrichtung durch die Wirkung der Motoren als Direktantriebe relativ hoch, bei Variante II aber dennoch deutlich geringer. Hier tritt auch kein Koppelfehler auf. Wie simulative Untersuchungen weiter gezeigt haben, kann über einen Getriebezusatz mit $i_G=4$ gemäß Variante III und IV erreicht werden, daß für die dargestellten Laständerungen Koppelfeh-

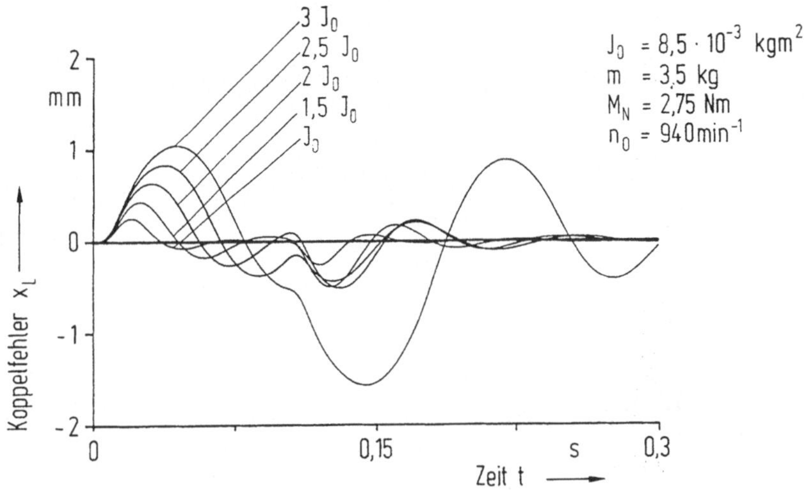

Bild 3.8: Koppelfehler beim Positionieren

ler vernachlässigbar und Strombegrenzungen vermieden werden. Für die Varianten V und IV wirkt das Getriebe zunächst ebenfalls zur Reduzierung von Massenträgheitsmomenten und äußeren Belastungen auf die Antriebssysteme und dadurch auch zur Reduzierung von Koppelfehlern. Für bestimmte Anwendungsfälle wird jedoch die Spindel mit ihrer Wirkung als Torsionsfeder zu berücksichtigen sein.

Aus den in Bild 3.10 dargestellten Frequenzgängen ist für die getriebelosen Varianten beispielhaft zu entnehmen, daß für kleine Massenträgheitsmomente $J \leq J_0$ das Antriebssystem das Übertragungsverhalten bestimmt; beim Einsatz der Getriebevariante als Grundachsen von Industrierobotern werden aufgrund der zu erwartenden Massenträgheitsmomente ($J \gg J_0$) Getriebe und Spindel das Übertragungsverhalten bestimmen. Gleichwohl wird aber auch deutlich, daß über die aufgezeigten Möglichkeiten zur Gestaltung der Bewegungsmoduln Roboter beliebig modular gestaltet werden können, wenn ihre Kinema-

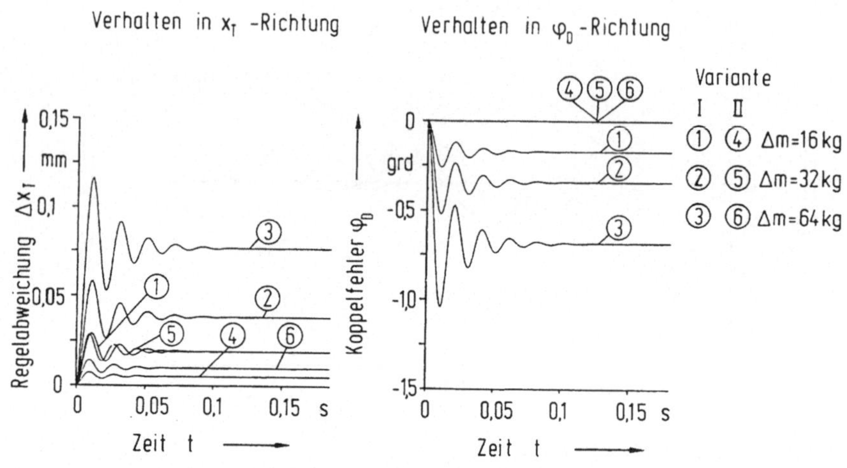

Bild 3.9: Störverhalten von Bewegungsmoduln (Variante I und II)

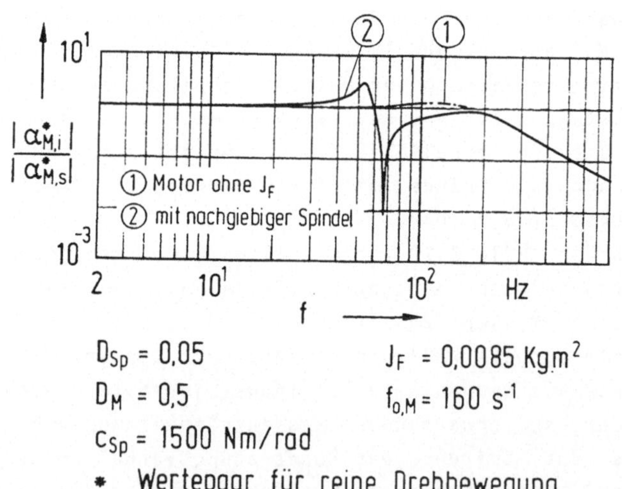

Bild 3.10: Übertragungsverhalten verschiedener Modulvarianten

tik eine unmittelbare Reihenfolge von Dreh- und Linearbewegungen beinhaltet. Eine Wertung der einzelnen Varianten sei zusammenfassend in Bild 3.11 dargestellt.

Es ist offensichtlich, daß die Varianten anwendungsspezifische Vorteile aufweisen, das einheitliche modulare Konzept zeigt aber, daß sie wirtschaftlich und kostengünstig den Erfordernissen entsprechend angepaßt werden können.

Eigenschaften / Modulausführung	Koppelfehler für $J_F \leq 2J_M$ [1]	$J_F > 2J_M$ [2]	$M_\varphi / M_{M,N}$	Geschwindigkeitsbereich rotatorisch	translatorisch	Torsion der Spindel
Variante I	mittel	hoch	gering	hoch	hoch	gering
Variante II	gering	mittel	gering	hoch	hoch	gering
Variante III	gering	gering	mittel	mittel	hoch	hoch
Variante IV	gering	gering	hoch	mittel	mittel	hoch
Variante V	-	gering	hoch	hoch	hoch	gering
Variante VI	-	gering	hoch	hoch	hoch	gering

hoch ○ mittel ◐ gering ●

1) für Handachsen
2) für Grundachsen

Bild 3.11: Gegenüberstellung und Wertung unterschiedlicher Dreh-/Linearmoduln

3.4 Bewegungsmodul für Schwenkbewegungen

Unter den zahlreichen, kinematisch unterschiedlich aufgebauten Industrierobotern ist der Gelenkarmroboter das wohl am häufigsten verwendete Gerät. Kennzeichnend für die bisherigen Ausführungen der dabei eingesetzten Gelenkantriebe ist, daß hochübersetzende Getriebe, Motor, Geschwindigkeits- und Wegmeßsysteme als weitgehend eine Baugruppe an die eigentlichen Gelenke montiert sind /48,62/. Derartige Gelenkbauweisen mit ihrem hohen Raumbedarf, aber auch Gelenkkonzepte, bei denen die Krafteinleitung über Hohlwellen, Zahnriemen etc. erfolgt, sind für eine modulare Roboterbauweise ungeeignet. Betrachtet man die Gestaltung von Bewegungsmoduln im Vorangegangenen, dann erkennt man, daß die Integration der Antriebssysteme in die Gelenke die geeignetste Bauweise darstellt.

Bild 3.12 zeigt eine erste Ausführung hierzu. Diese Anordnung als ein System mit einem Motor und zwei symmetrisch angebrachten Getrieben erfordert zusätzliche Maßnahmen zur symmetrischen Lastverteilung /62/, aber auch hier gilt das in Kap. 3.2.1 Gesagte, daß in Hinblick auf die Schaffung von Bewegungsmoduln mit mehreren Freiheitsgraden und eines einheitlichen Bauprinzips zwei mechanisch getrennte Antriebssysteme (Motor, Getriebe, Meßsysteme) Anwendung finden können.

Durch die integrierte Bauweise ergeben sich weitere Vorteile wie eine symmetrische Lastverteilung und damit keine zusätzliche Biegebeanspruchung der Motor- und Getriebebauteile und daraus resultierend eine Verringerung der Anregung der einzelnen Achsverbindungselemente zu Schwingungen. Kupplungen zwischen Motor und Getriebe, wie sie sonst üblich sind, entfallen. Ferner wird die Anzahl der Lagerstellen verringert. Das Wegmeßsystem als einfacher Impulsgeber, der auch zur Geschwindigkeitsmessung verwendet wird, wird auf den Rotor des Antriebsmotors gebracht. Damit entfällt auch ein zusätzlicher Platzbedarf für das Lage- und Geschwindigkeitsmeßsystem und dessen Ankopplung. Konstruktionsbedingt ergibt sich weiterhin die Möglichkeit, über eine einfache Erweiterung des Meßsystems Verformungen am Getriebeausgang zu bestimmen (vergl. Kap. 3.6.3).

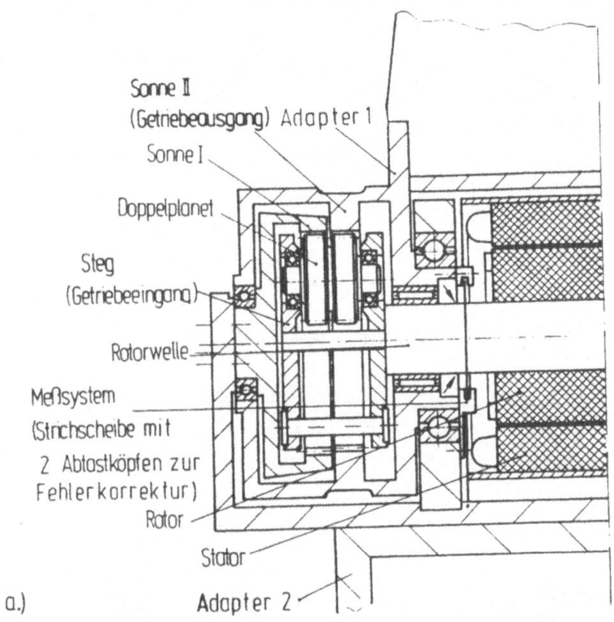

Bild 3.12 : a) Bewegungsmodul für Schwenkbewegungen mit Asynchronmotor und symmetrisch angeordneten Planetengetrieben. b) Prototyp

Der Industrieroboter als offene kinematische Kette besteht nun aber in seiner gebräuchlichsten Kinematik aus einer Kombination von Dreh- und Schwenkbewegungen. Dies bedeutet, daß das Bewegungsmodul für Schwenkbewegungen allein nicht ausreicht, um ein akzeptables Baukastensystem für Industrieroboter aufzubauen. In einem weiteren Kapitel wird deshalb auf die Konzeption eines sehr wesentlichen Bewegungsmoduls mit zwei Freiheitsgraden eingegangen.

3.5 Bewegungsmodul für Dreh-/Schwenkbewegungen

3.5.1 Prinzipieller Aufbau und Funktionsweise

Die Bewegungskombination Drehen/Schwenken kann man über einen Vektor $\underline{r}$ darstellen, der an den Punkt 0 gebunden ist und um φ_S und φ_D gedreht wird (Bild 3.13 rechts). Die Vektorspitze bewegt sich dabei auf einer Kugeloberfläche. Ein Antriebssystem für diese beiden Bewegungen hat also den minimalen Raumbedarf, wenn alle seine Elemente innerhalb

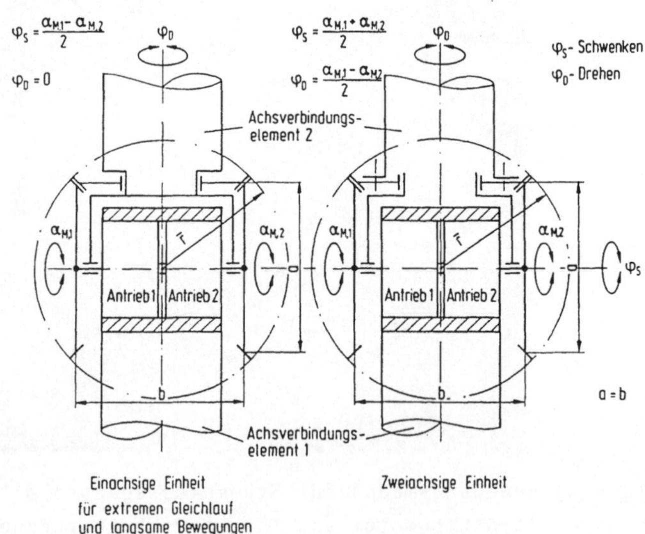

Bild 3.13: Prinzipdarstellung eines Dreh-/Schwenkmoduls

dieser Kugel liegen (theoretisch zum Punkt entartet). Unter der Bedingung, daß die Anforderungen an die Drehbewegung hinsichtlich verfügbarem Moment und erreichbarer Drehzahl gleich sind wie an die Schwenkbewegung, wird dieser Raum durch einen technisch sinnvollen, minimalen Raumbedarf am besten durch eine Diffenentialgetriebeanordnung mit innenliegenden Antriebssystemen angenähert /19, 63/.

Bild 3.14 zeigt dementsprechend den Aufbau eines zweiachsigen Moduls mit seinen wesentlichen Funktionselementen Motor, Untersetzungsgetriebe, Differentialgetriebe, Weg- und Geschwindigkeitsmeßsysteme und Adaptern zu den Achsverbindungselementen. Es ist ersichtlich, wie dieses Bewegungsmodul aus demjenigen mit einem Freiheitsgrad, nämlich Schwenken, hervorgeht. Die symmetrisch angeordneten Getriebeeinheiten sind in diesem Fall über eine starre Adaptereinheit verbunden. Vergleicht man den Aufbau des Dreh-/Schwenkmoduls mit demjenigen eines Linear-/Drehmoduls nach Variante IV, dann wird die einheitliche Konzeption deutlich. Außerdem gilt auch für dieses Bewegungsmodul mit zwei Freiheitsgraden, daß durch eine direkte Ankopplung eines Achsverbindungselements an das die Schwenkbewegung ausführende Teil,eine ausschließlich einachsige Bewegung, nämlich eine Schwenkbewegung, mit geringen motorbedingten Drehzahl- und Momentenschwankungen abgeleitet werden kann (Bild 3.13 links).

Die Konzeption des Dreh-/Schwenkmoduls weist Eigenschaften auf, wie sie für das Schwenkmodul bereits aufgeführt wurden. Daneben ist zusätzlich von Vorteil, daß durch die Art ihrer Anordnung die Getriebeeinheiten parallel wirken und damit bei hoher Kompaktheit des Moduls hohe Steifigkeiten für Dreh- und Schwenkbewegungen erreicht werden.

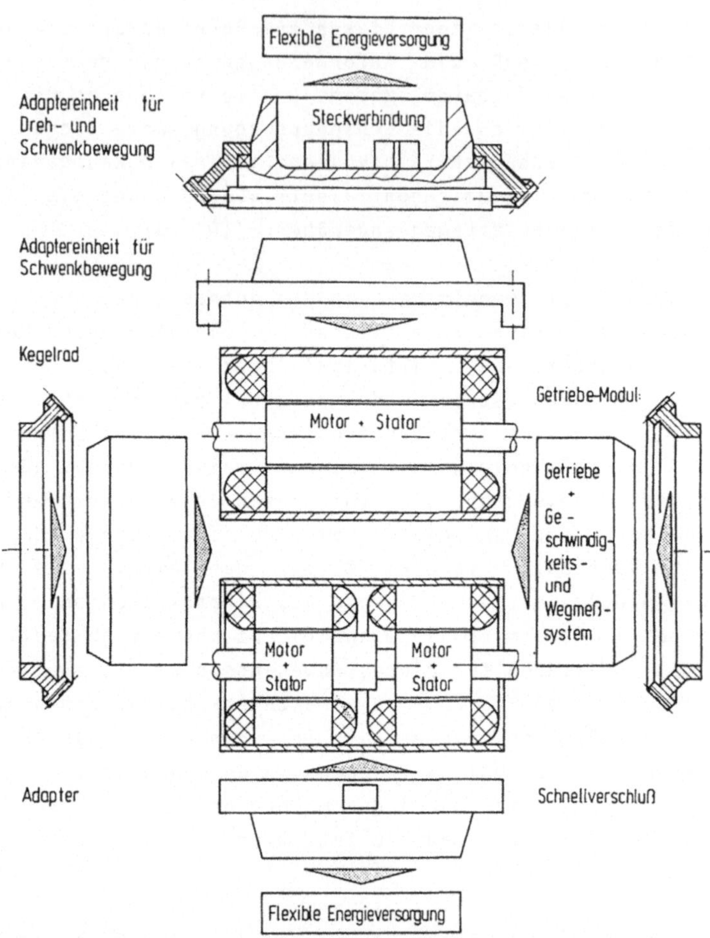

<u>Bild 3.14:</u> Gelenkmodul für ein- oder zweiachsige Bewegungen

<u>Bild 3.15</u> zeigt Prototypen zweier Bewegungsmoduln mit zwei Freiheitsgraden. Einige Daten belegen den kompakten Aufbau:

Kenndaten	**a.)**	**b.)**
Masse inkl. Adapter	240 kg	12 kg
Durchmesser einer einhüllenden Kugel	≈400mm	≈170mm
Nennmoment für Dreh- oder Schwenkbewegungen	1200Nm	60Nm
Winkelgeschwindigkeiten ω_S, ω_D bei Nennmoment	90°/s	90°/s
Nennmoment Steifigkeit in der φ_S-Ebene ohne Grundlast	183 500 Nm/rad	40000 Nm/rad

a) Nennmoment : 1200 Nm
Maximalmoment : 3000 Nm

b) Nennmoment : 60 Nm
Maximalmoment : 120 Nm

Bild 3.15: Bewegungsmoduln mit zwei Freiheitsgraden /65/

Die kinematischen Beziehungen für das Bewegungsmodul lauten:

$$\varphi_S = \frac{(\alpha_{M,1} + \alpha_{M,2})}{2i_G} \tag{3.13}$$

$$\dot{\varphi}_S = \frac{(\dot{\alpha}_{M,1} + \dot{\alpha}_{M,2})}{2i_G} \tag{3.13a}$$

$$\ddot{\varphi}_S = \frac{(\ddot{\alpha}_{M,1} + \ddot{\alpha}_{M,2})}{2i_G} \tag{3.13b}$$

bzw.

$$\varphi_D = \frac{(\alpha_{M,1} - \alpha_{M,2})}{2i_G\, i_K} \tag{3.14}$$

$$\dot{\varphi}_D = \frac{(\dot{\alpha}_{M,1} - \dot{\alpha}_{M,2})}{2i_G\, i_K} \tag{3.14a}$$

$$\varphi_D = \frac{(\ddot{\alpha}_{M,1} - \ddot{\alpha}_{M,2})}{2i_G\, i_K} \tag{3.14b}$$

Damit wird klar, daß eine Bewegungs- und Momentenanpassung für eine definierte Anwendung in beschränktem Umfang auch über das Übersetzungsverhältnis i_K der Kegelräder erfolgen kann (vergl. auch <u>Bild 3.13</u> und <u>Bild 3.14</u>). Es ist jedoch dabei zu beachten, daß auch die statische Steifigkeit durch die Wahl dieses Übersetzungsverhältnisses beeinflußt wird. Setzt man voraus, daß die Steifigkeit in den Koordinaten φ_S und φ_D im wesentlichen von den hochübersetzenden Getrieben bestimmt wird (vergl. hierzu Kap. 3.5.2), dann gilt

$$c_D = c_S \left(\frac{r_2}{r_1} \right)^2 \tag{3.15}$$

Dem Wunsch nach gleichem Übertragungsverhalten in den Koordinaten φ_S und φ_D, wie es insbesondere bei Industrierobotern für die spanende Bearbeitung (z.B. Entgraten) gefordert wird, kann nur mit i_K=1 entsprochen werden. Darin liegt nun ein weiterer Vorteil der Modulkonzeption gegenüber Differentialmechanismen, wie sie bisher zur Bewegungserzeugung für Industrieroboter verwendet werden /66/ und wie sie beispielhaft in Bild 3.16 dargestellt sind. Die Krafteinleitung erfolgt meist über Hohlwellen, Zahnriemen und zusätzliche Stirnrad- und Winkelgetriebe (Ausführung I und II). Dies führt konstruktionsbedingt zwangsläufig zu unterschiedlichen Steifigkeiten in den beiden Antriebssträngen. Lediglich die Ausführung III läßt weitgehend gleichwirkende Antriebsstränge zu, jedoch mit einem erhöhten Bauraum.

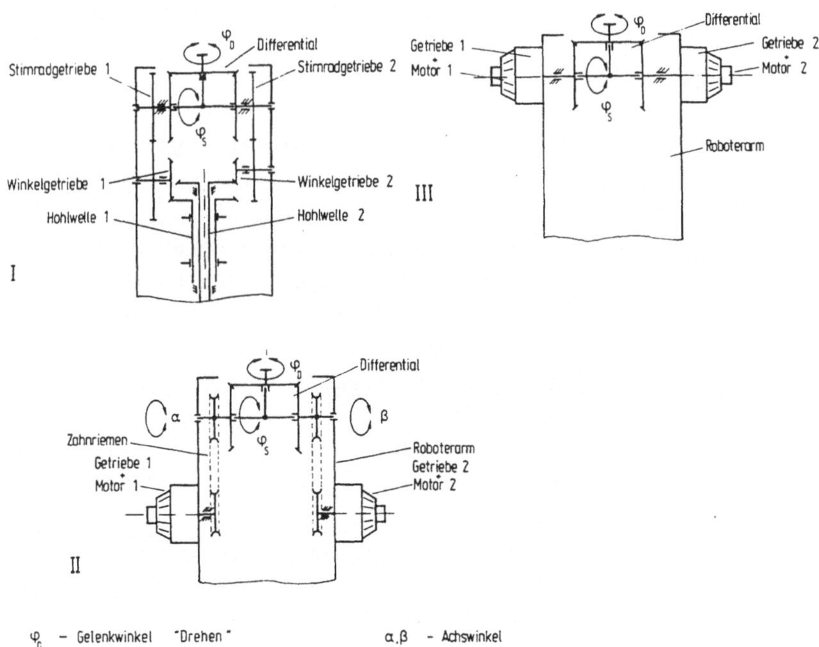

Bild 3.16: Differentialmechanismen für Industrieroboter /67/

Eine zusammenfassende Bewertung der unterschiedlichen Mechanismen bezüglich ihrer Eignung für Bewegungsmoduln ist in Bild 3.17 aufgeführt. Nach den vorgegebenen Kriterien eignet sich die neu konzipierte Antriebsart am besten für eine modulare Roboterbauweise und zum Aufbau beliebiger kinemati-

Mechanismus	Spiel bzw. notwendiger Reduzierungsaufwand	Steifigkeit c_S, c_D	Mechanischer Aufwand	Einsatzmöglichkeiten	Bauraum	Eignung für modulares System
I	hoch	gering	hoch	Handachsen	gering •	gering
II	mittel	hoch	mittel	Handachsen eingeschränkt Hauptachsen	hoch	gering
III	hoch	hoch	gering	Hauptachsen	hoch	gering

○ hoch ◐ mittel ● gering • ohne Hohlwellen

Bild 3.17: Gegenüberstellung unterschiedlicher Differentialmechanismen

scher Ketten. Inwieweit sich weitere, von der Konzeption der Bewegungsmodule abhängige Parameter auf deren Übertragungsverhalten auswirken, soll im weiteren dargestellt werden.

3.5.2 Übertragungsverhalten von Dreh-/Schwenkmoduln

Die Gestaltung von Bewegungsmodulen mit zwei Freiheitsgraden nach Kap. 3.5.1 ermöglicht einerseits kompakte, vielseitig anwendbare Bewegungseinheiten, verlangt aber andererseits aufgrund der Kopplung zweier Antriebssysteme genauere systemtechnische Kenntnisse, um fertigungstechnisch bedingte Einflußgrößen auf das Übertragungsverhalten und damit die Einsatzmöglichkeiten der Moduln richtig beurteilen zu können. Hierzu wurden simulative Untersuchungen durchgeführt, wobei für das lage- und drehzahlgeregelte Bewegungsmodul ausschließlich konventionelle P-Lageregelungen und PI-Drehzahlregelungen zugrunde gelegt wurden, da regelungstechnisch verbessernde Maßnahmen für das Übertragungsverhalten nicht Inhalt dieser Arbeit sind.

3.5.2.1 Modellierung der Regelstrecke

Das statische und dynamische Verhalten des Bewegungsmoduls wird im wesentlichen von den mechanischen Übertragungsgliedern bestimmt. Für die Untersuchungen hat damit zunächst eine hinreichend genaue Modellierung dieses Systems zu erfolgen. Aufgrund der kompakten und symmetrischen Bauweise ist zu erwarten, daß die hochübersetzenden Getriebe und das Kegelradgetriebe in ihrem Verhalten dominieren.

Zur Bestimmung des Übertragungsverhaltens wurde zunächst an einem einachsigen Antriebssystem der Frequenzgang eines hochübersetzenden Kompaktgetriebe - Einbausatzes ($i_G \geq 100$) ermittelt, der auch für Bewegungsmoduln mit zwei Freiheitsgraden eingesetzt wurde. Die Kenntnis dieses Frequenzganges erleichtert die Interpretation des Frequenzgangs der Mechanik eines Dreh-/Schwenkmoduls, wodurch eine hinreichend genaue, vereinfachte Modellierung für regelungtechnische Unterschungen durchgeführt werden kann. Eine Darstellung des Übertragungsverhaltens des Moduls nach der Frequenzgangmethode erlaubt eine Verifikation und gibt Aufschluß über ein sich änderndes Zeitverhalten bei Parameterschwankungen.

In Bild 3.18 ist der Amplitudengang $|\varphi_S/\alpha_M|$ des unbelasteten Testgetriebes mit einem abtriebsseitigen Massenträgheitsmoment von $J = 130\ kgm^2$ dargestellt. Es ist im interessierenden Frequenzbereich derjenige eines gedämpften Ein-Masse-Schwingers. Die hieraus ermittelbare Torsionssteifigkeit des Getriebes, als konzentrierte Torsionsfeder betrachtet, beträgt ≈ 40% - 50% ihres Nennwertes (unter Berücksichtigung der Torsionssteifigkeit der Abtriebswelle). Dies resultiert aus dem im allgemeinen progressiven Verlauf von Getriebesteifigkeiten und einem damit arbeitspunktabhängigen Frequenzgangverlauf (Bild 3.19).

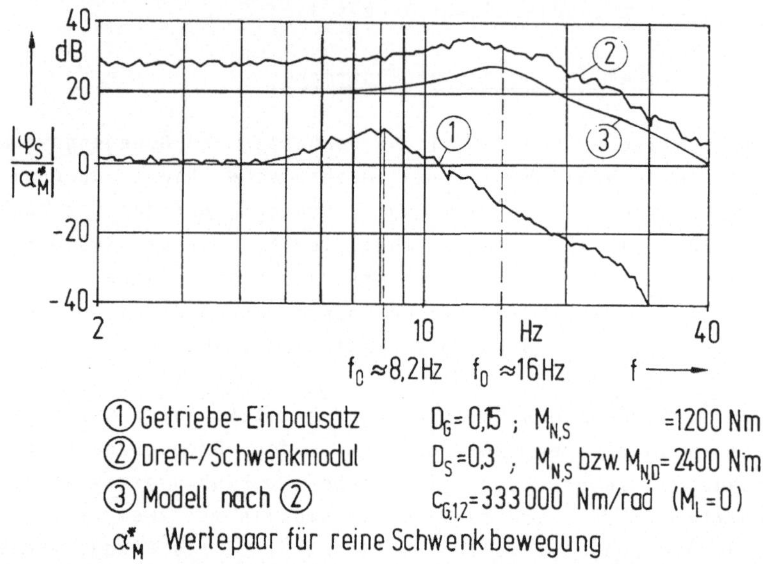

Bild 3.18: Frequenzgänge eines Testgetriebes und eines Dreh-/Schwenkmoduls

Wie später noch gezeigt wird, hat dieser Sachverhalt eine besondere Bedeutung für das Übertragungsverhalten des Dreh-/Schwenkmoduls. Der ebenfalls in Bild 3.18 dargestellte experimentell ermittelte Amplitudengang eines Dreh-/Schwenkmoduls für eine reine Schwenkbewegung ($|\varphi_S/\alpha_M^*|$) entspricht ebenfalls demjenigen eines Ein-Masse-Schwingers (konzentriertes Massenträgkeitsmoment J_s = 60 kgm^2).Die resultierende Steifigkeit des Differentials liegt konstruktionsbedingt (vergl. Bild 3.14) um den Faktor 3...4 höher als diejenige des Getriebe - Einbausatzes ($d_{0,K} \approx (1,7...2)\, d_{0,G}$). Berücksichtigt man dies, dann entspricht die Torsionssteifigkeit des Dreh-/Schwenkmoduls derjenigen zweier parallel wirkender Getriebe. Mit dieser Kenntnis erfolgt die Modellbildung des Bewegungsmoduls mit konzentrierten Parametern, wie in Bild 3.20 dargestellt. Die Dämpfungen sollen als geschwindigkeitsproportionale Größen berücksichtigt werden; Umkehrspanne und Spiel in der Mechanik werden in die folgenden Betrachtgungen nicht mit einbezogen (vgl. Frequenzgang Bild 3.18).

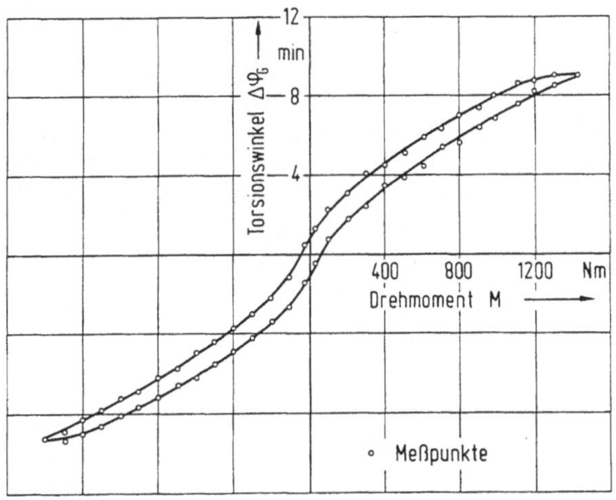

Bild 3.19: Steifigkeitskennlinie des eingesetzten Getriebetyps

Das Dreh-/Schwenkmodul stellt damit ein lineares System von Drehschwingern dar. Die Rotoren der beiden Motoren werden als nicht frei drehbar angenommen; sie sind aufgrund ihrer Einspannung über das elektromagnetische Feld mit den Statoren elastisch gekoppelt (übliche Näherung durch PT_2-Verhalten). Die Koordinaten des Systems mit sechs Freiheitsgraden sind:

$\alpha_{M,1}$, $\alpha_{M,2}$	- Rotorpositionswinkel
β_1; β_2	- Drehwinkel am Getriebeeingang
ψ_1, ψ_2	- Drehwinkel am Getriebeausgang (Kegelrad)
φ_D	- Drehwinkel des Moduls (Gelenkwinkel)
φ_S	- Schwenkwinkel des Moduls (Gelenkwinkel)

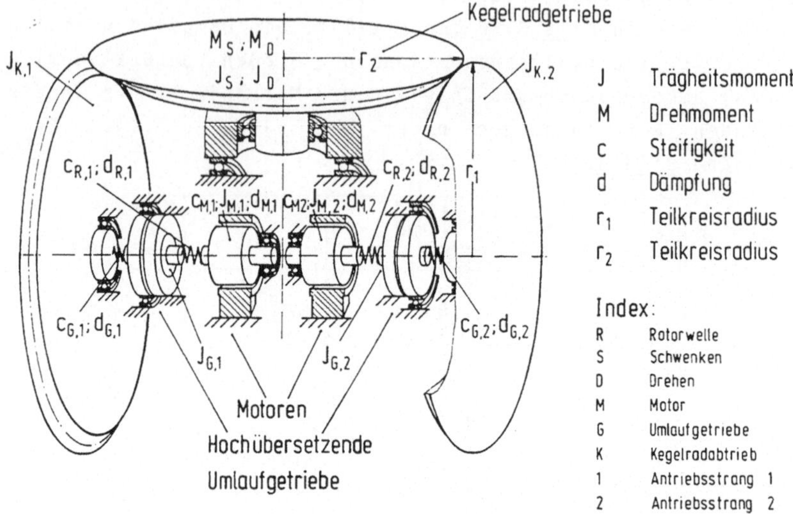

Bild 3.20: Schematischer Aufbau eines Dreh-/Schwenkmoduls mit Modellparametern

Zwischen den Gelenkwinkeln, sowie deren Ableitungen bestehen jedoch Kopplungen gemäß

$$\varphi_S = (\psi_1 + \psi_2)/2; \; \varphi_D = (\psi_1 - \psi_2)/2i_K$$

usw. (vgl. Gl.3.13 - 3.14b) Die homogenen Bewegungsgleichungen erhält man mit Hilfe der Lagrangschen Gleichungen 2. Art /70, 71/:

$$\frac{d}{dt}\left[\frac{\partial E_K}{\partial \dot{q}_j}\right] - \frac{\partial E_K}{\partial q_j} + \frac{\partial E_P}{\partial q_j} = - Q_j \tag{3.16}$$

$(j = 1,......,n)$

in der Form

$$\underline{M}\,\ddot{\underline{x}} + \underline{D}\,\dot{\underline{x}} + \underline{C}\,\underline{x} = \underline{0} \tag{3.17}$$

In den Bewegungsgleichungen können nun die Koordinaten ψ_1, ψ_2 oder φ_S, φ_D berücksichtigt werden. Sind die Gelenkkoordinaten φ_S und φ_D von Interesse, dann sind die Matrizen wie folgt besetzt (Massenträgheitsmomente J_S, J_D symmetrisch zur Drehachse φ_D):

$$\underline{M} = \begin{bmatrix} J_{M,1} & 0 & 0 & 0 & 0 & 0 \\ 0 & J_{M,2} & 0 & 0 & 0 & 0 \\ 0 & 0 & J_{G,1} & 0 & 0 & 0 \\ 0 & 0 & 0 & J_{G,2} & 0 & 0 \\ 0 & 0 & 0 & & J_S+2J_K & 0 \\ 0 & 0 & 0 & 0 & 0 & J_D+2i_K^2J_K \end{bmatrix} \tag{3.18}$$

$$\underline{D} = \begin{bmatrix} \left(d_{M,1}+d_{R,1}\right) & 0 & -d_{R,1} & 0 & 0 & 0 \\ 0 & \left(d_{M,2}+d_{R,2}\right) & 0 & -d_{R,2} & 0 & 0 \\ -d_{R,1} & 0 & \left(d_{R,1}+d_{G,2} i_G^{-2}\right) & 0 & -d_{G,1} i_G^{-1} & d_{G,1} i_K i_G^{-1} \\ 0 & -d_{R,2} & 0 & \left(d_{R,2}+d_{G,2} i_G^{-2}\right) & -d_{G,2} i_G^{-1} & -d_{G,2} i_K i_G^{-1} \\ 0 & 0 & -d_{G,1} i_G^{-1} & -d_{G,2} i_G^{-1} & \left(d_{G,1}+d_{G,2}\right) & i_K\left(d_{G,2}-d_{G,1}\right) \\ 0 & 0 & d_{G,1} i_K i_G^{-1} & -d_{G,2} i_G^{-1} i_K & i_K\left(d_{G,2}-d_{G,1}\right) & i_K^2\left(d_{G,1}+d_{G,2}\right) \end{bmatrix} \tag{3.19}$$

$$\underline{C} = \begin{bmatrix} \left(c_{M,1}+c_{R,1}\right) & 0 & -c_{R,1} & 0 & 0 & 0 \\ 0 & \left(c_{M,2}+c_{R,2}\right) & 0 & -c_{R,2} & 0 & 0 \\ -c_{R,1} & 0 & \left(c_{R,1}+c_{G,1}i_G^{-2}\right) & 0 & -c_{G,1}i_G^{-1} & c_{G,1}i_K i_G^{-1} \\ 0 & -c_{R,2} & 0 & \left(c_{R,2}+c_{G,2}i_G^{-2}\right) & -c_{G,2}i_G^{-1} & -c_{G,2}i_K i_G^{-1} \\ 0 & 0 & -c_{G,1}i_G^{-1} & -c_{G,2}i_G^{-1} & \left(c_{G,1}+c_{G,2}\right) & i_K\left(c_{G,2}-c_{G,1}\right) \\ 0 & 0 & c_{G,1}i_K i_G^{-1} & -c_{G,2}i_K i_G^{-1} & i_K\left(c_{G,2}-c_{G,1}\right) & i_K^2\left(c_{G,1}+c_{G,2}\right) \end{bmatrix} \tag{3.20}$$

Der Vektor der verallgemeinerten Koordinaten lautet:

$$\underline{x} = (\alpha_{M,1}, \alpha_{M,2}, \beta_1, \beta_2, \varphi_S, \varphi_D)^T \tag{3.21}$$

Eine Berechnung und Darstellung von Amplituden- und Phasengängen mit dem bekannten Berechnungsmethoden /70/ als Komponenten aus

$$\underline{g}\ (\omega) = \underline{F}\ (\omega)\ \underline{h} \tag{3.22}$$

$\underline{g}$ Frequenzgangvektor
$\underline{F}$ Frequenzgangmatrix
$\underline{h}$ Erregervektor

mit

$$\underline{F} := (-\omega^2 \underline{M} + j\omega \underline{D} + \underline{C})^{-1} \tag{3.22}$$

kann einerseits zur Überprüfung des Modellansatzes über den Vergleich mit experimentell ermittelten Frequenzgängen dienen, anderseits kann anschaulich der Einfluß von Parameteränderungen auf das Übertragungsverhalten des Dreh-/Schwenkmoduls gezeigt werden.

In Bild 3.18 ist zum Vergleich das Simulationsgebnis für ein Dreh-/Schwenkmodul dargestellt, wobei die Modellparameter (vgl. Bild 3.20) von experimentell untersuchten Bewegungsmoduln übernommen wurden (Anregung des Systems über α_M^*; Systemausgang: φ_S). Aufgrund gleicher Systemparameter in beiden Antriebssträngen und $i_K = 1$ erhält man als entkoppeltes Verhalten dasjenige eines Ein-Masse-Schwingers (Hauptschwingung), wobei sich Modellverhalten und reales Schwingungsverhalten nahezu entsprechen. Daß das angenäherte Systemverhalten auch bei Verwendung unterschiedlicher Getriebeeinbausätze gilt, zeigt Bild 3.21a. Der für das Dreh-/Schwenkmodul nach Bild 3.15a (M_N = 1200 Nm) dargestellte Frequenzgang (Systemeingang: $\alpha_{M,1}$, Systemausgang: φ_S) ergibt sich mit einem Getriebeeinbausatz nach Bild. 3.25). Auch hier stimmen Modellverhalten und reales Verhalten hinreichend genau überein.

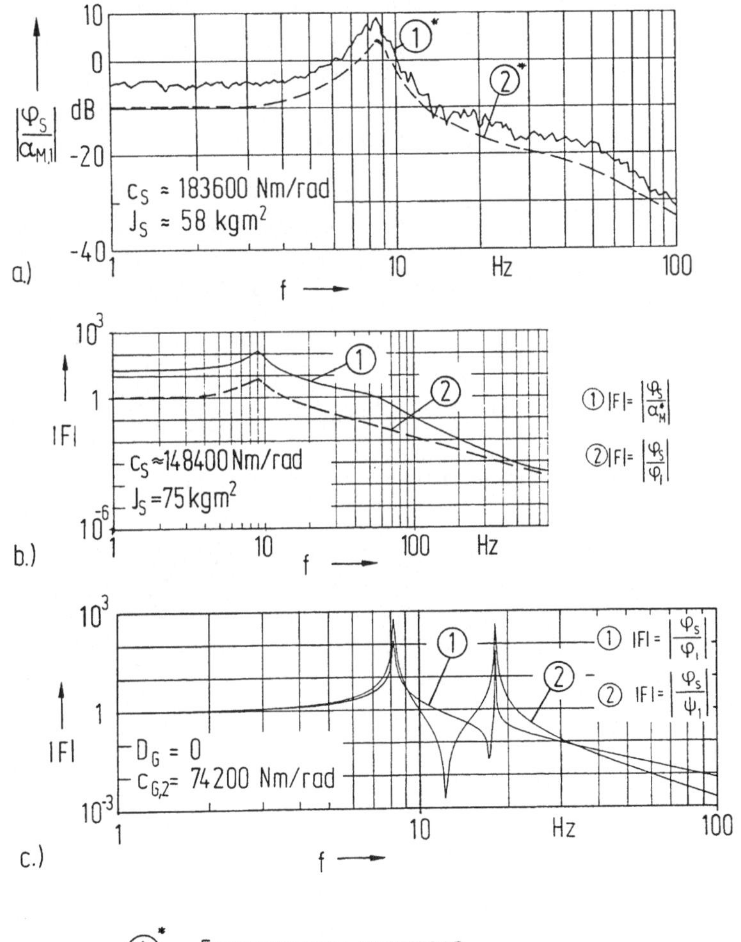

①* Frequenzgang gemessen

②* Frequenzgang simulativ

Bild 3.21: Frequenzgänge des Dreh-/Schwenkmoduls

Bild 3.21b ist zu entnehmen, daß aufgrund des zu erwartenden Wertebereiches der Eigenkreisfrequenzen ω_S bzw. ω_D und ω_{0A} ($\omega_{0A} >> \omega_S, \omega_D$) und einer konstruktionsbedingten, extrem hohen Rotorsteifigkeit, allein die Getriebe mit den konzentrierten Parametern d_G und c_G das Übertragungsverhalten bestimmen. Demnach kann das Schwingungsmodell auch zu einem System mit zwei Freiheitsgraden reduziert werden, für das folgende Bewegungsgleichungen gelten (nur Berücksichtigung von φ_S, φ_D und deren Ableitungen in (3.18 - 3.20):

$$(J_S + 2J_K)\ddot{\varphi}_S + (d_{G,1} + d_{G,2})\dot{\varphi}_S + i_K(d_{G,1} - d_{G,2})\dot{\varphi}_D$$
$$+ (c_{G,1} + c_{G,2})\varphi_S + i_K(c_{G,2} - c_{G,1})\varphi_D = 0 \qquad (3.24)$$

$$(J_D + 2i_K{}^2 J_K)\ddot{\varphi}_D + i_K(d_{G,2} - d_{G,1})\dot{\varphi}_S + i_K{}^2(d_{G,1} + d_{G,2})\dot{\varphi}_D$$
$$+ i_K(c_{G,2} - c_{G,1})\varphi_S + i_K{}^2(c_{G,1} + c_{G,2})\varphi_D \qquad (3.25)$$

oder bezogen auf die Getriebeabtriebswinkel:

$$\left(\frac{1}{4}\left(J_S + \left(\frac{1}{i_K}\right)^2 J_D\right) + J_K\right)\ddot{\psi}_1 + \frac{1}{4}\left(J_S - \frac{1}{4}\left(\frac{1}{i_K}\right)^2 J_D\right)\ddot{\psi}_2$$
$$+ d_{G,1}\dot{\psi}_1 + c_{G,1}\psi_1 = 0 \qquad (3.26)$$

$$\frac{1}{4}\left(J_S - \left(\frac{1}{i_K}\right)^2 J_D\right)\ddot{\psi}_1 + \left(\frac{1}{4}\left(J_S + \left(\frac{1}{i_K}\right)^2 J_D\right) + J_K\right)\ddot{\psi}_2$$
$$+ d_{G,2}\dot{\psi}_2 + c_{G,2}\psi_2 = 0 \qquad (3.27)$$

Aus diesen vereinfachten Bewegungsgleichungen lassen sich auch sehr einfach die Einflußgrößen auf das Verhalten des

mechanischen Systems entnehmen: Nur für $d_{G,1} = d_{G,2}$ und $c_{G,1} = c_{G,2}$ sind Schwenk- und Drehbewegung entkoppelt.
Aufgrund der Massenträgheitsmomentverhältnisse J_S/J_D, die insbesondere auch positionsabhängig veränderlich sind, liegt bezüglich der Abtriebsbewegung an den Kegelrädern in der Regel eine Beschleunigungskopplung vor. In der Praxis ist es nun so, daß bei Übergangsvorgängen und durch äußere Kräfte und Momente eine Arbeitspunktverschiebung entlang der Steifigkeitskennlinie des Getriebes erfolgen kann (vergl. Bild 3.19) und die durch Montage- und Fertigungstoleranzen entstehende, unterschiedliche Vorspannung von Bauteilen die Dämpfung in den Antriebssträngen beeinflußt. Für das Dreh-/Schwenkmodul in symmetrischer Bauweise ist damit mit einem Verhältnis von $c_{G,1}/c_{G,2} \approx 1...2{,}5$ und für $d_{G,1}/d_{G,2} \approx 1...4$ zu rechnen. Es wird auch klar, daß das Übersetzungsverhältnis i_K der Kegelräder wesentlich die Stärke der Kopplung mitbestimmt.

Andere Differentialmechanismen haben konstruktionsbedingt größere Parameterschwankungen: zu den Steifigkeitsänderungen in den Getrieben addieren sich solche, die z.B. durch unterschiedliche Hohlwellendurchmesser oder durch stark progressive Steifigkeitskennlinien in Zahnriemen wesentlich höhere Schwankungen hervorrufen /73/. Variiert man nun die relevanten Parameter eines Bewegungsmoduls, dann stellt man anhand der Frequenzgänge fest, daß ein unterschiedliches Dämpfungsverhalten in den beiden Antriebssträngen einen unwesentlichen Einfluß auf die Signalübertragung hat. Bedeutend größer ist der Einfluß unterschiedlicher Steifigkeiten. Beispielhafte Amplitudengänge in Bild 3.21 c für ein Dreh-/Schwenkmodul bei einer gekoppelten Bewegung belegen dies. Die angenommenen Steifigkeitsverhältnisse des Getriebes betragen hierbei $c_{G,1}/c_{G,2} = 3$. (Bem.: ein Massenträgheitsmoment J_D, das nicht symmetrisch ist, hat prinzipiell dieselbe Wirkung).

Aus den Darstellungen für das ungedämpfte System sind einfach die Resonanz- und Tilgungsgfrequenzen zu entnehmen:

$$f_{0,1} = 18{,}2 \text{ Hz}$$
$$f_{0,2} = 8{,}2 \text{ Hz}$$
$$f_{T,1} = 17{,}3 \text{ Hz}$$
$$f_{T,2} = 12{,}2 \text{ Hz}$$

Es wird damit nochmals deutlich, daß der Aufbau der Bewegungsmoduln in der gezeigten Art zu einem besseren Übertragungsverhalten führt, als es bei anderen Differentialmechanismen nach Bild 3.16 erreicht werden kann. Wie sich Parameterschwankungen auf die Genauigkeit der Bewegungen des Dreh-/Schwenkmoduls auswirken, wird im nächsten Kapital aufgezeigt.

3.5.2.2 Untersuchungen an einem lagegeregelten Dreh-/Schwenkmodul

Bei hinreichend dynamischen Stellgliedern, die man bei Verwendung von drehzahlgeregelten Drehstromantrieben als gegeben voraussetzen kann, bestimmt das Übertragungsverhalten der Mechanik zusammen mit den eingesetzten Reglerstrukturen das Führungs- und Störverhalten der lagegeregelten Bewegungsmoduln. Für das Dreh-/Schwenkmodul gilt bezüglich seines Übertragungsverhaltens im wesentlichen das in Kap. 3.3.4 für das Linear-/Drehmodul Gesagte. Hier sollen ergänzend die Auswirkungen von Getriebeeigenschaften auf das Übertragungsverhalten des Dreh-/Schwenksmoduls im Vordergrund stehen.

In Anlehnung an die Regelkreisstruktur nach Bild 3.5 kann mit den kinematischen Beziehungen und den vereinfachten Bewegungsgleichungen nach Kap. 3.5.2 die Struktur des Regelkreises für das gekoppelte System aufgebaut werden (Bild 3.22).

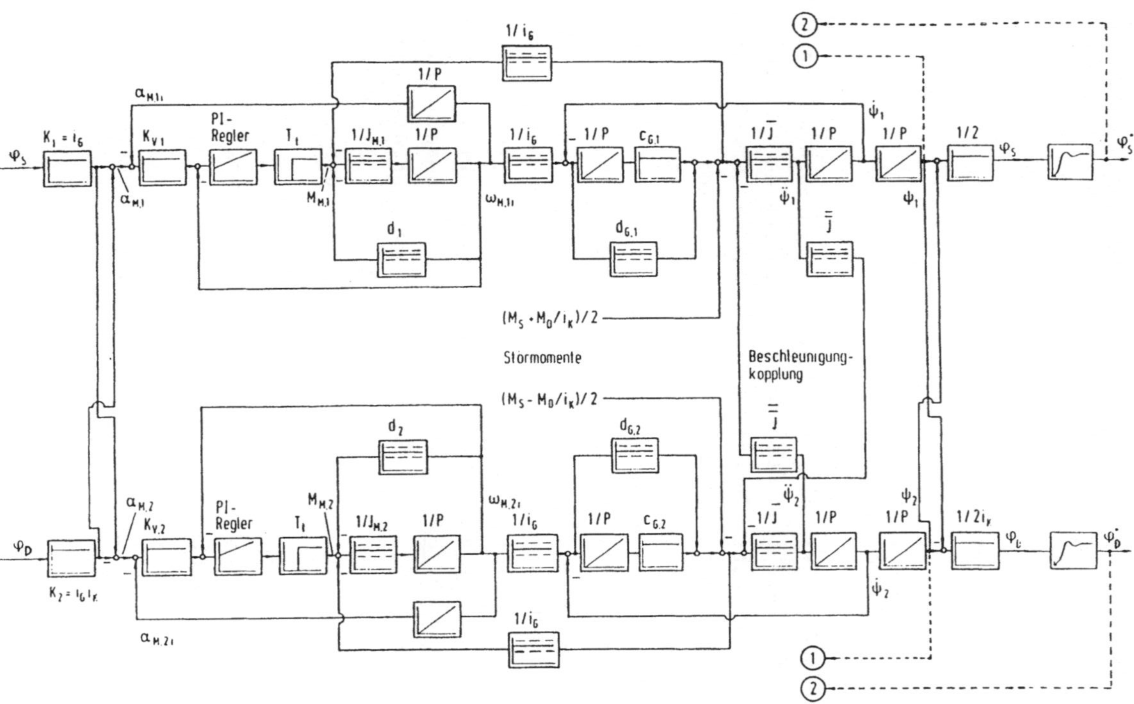

Bild 3.22: Blockschaltbild des Regelkreises für ein Gelenkmodul: Drehen/Schwenken

Die Beschleunigungskopplung kommt über den Faktor

$$\bar{\bar{J}} = \frac{1}{4}\left(J_S - \left(\frac{1}{i_K}\right)^2 J_D\right)$$

(siehe Blockschaltbild S.87)

zum Ausdruck. Für $\bar{J}$ gilt:

$$\bar{J} = \frac{1}{4}\left(J_S + \left(\frac{1}{i_K}\right)^2 J_D\right) + J_K$$

Ein entkoppeltes Führungsverhalten wird ebenfalls nur dann erreicht, wenn das Übertragungsverhalten der beiden Zweige des Regelkreises identisch ist. Dies ist, wie in Kap.3.5.2 angeführt, im allgemeinen nicht gegeben. Bei einer indirekten Lageerfassung (Impulsgeber am Rotor des Motors vor dem Getriebe) führt dies zu einer unerwünschten Koppelbewegung. Beispielhaft sollen die Auswirkungen relevanter Parameter hierzu dargestellt werden. Als Führungsgröße wird für die Untersuchungen jeweils eine reine Schwenkbewegung bei optimalem K_v-Wert vorgegeben. Von Interesse ist dann die maximale Drehwinkelabweichung $\Delta \varphi_G$ bei einem Übergangsvorgang. Bild 3.23a zeigt, daß Dämpfungsschwankungen in den Getrieben bei den zu erwartenden Größenordnungen nur einen kleinen Koppelfehler bewirken, und auch der Einfluß der Verhältnisse der Massenträgheitsmomente dabei sehr gering ist.

Einen wesentlichen Einfluß haben jedoch die belastungsabhängigen Getriebesteifigkeiten (Bild 3.23b) /67/, wobei die Größe von $\Delta \varphi_G$ wiederum von der absoluten Steifigkeit abhängig ist (Bild 3.23c). Für Trägheitsmomentenverhältnisse von $J_D/J_S = 1$ nimmt der Koppelfehler jeweils seinen kleinsten Wert an. Legt man die Daten eines realisierten Moduls zugrunde (Bild 3.14a), dann ergibt sich im ungünstigsten

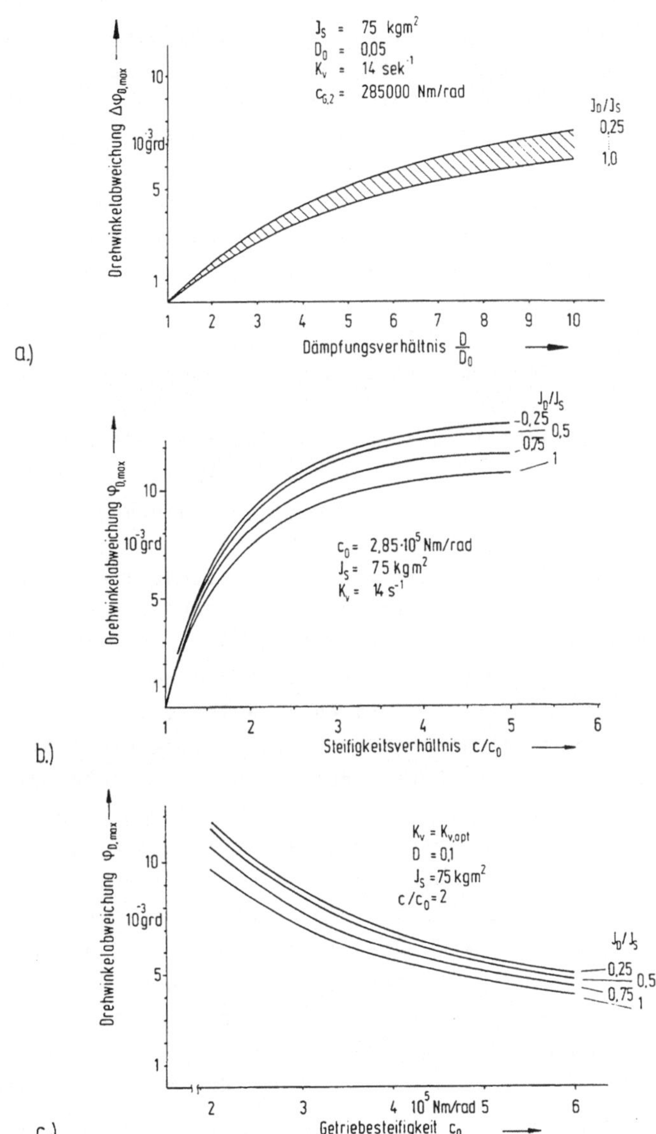

Bild 3.23: Koppelfehler durch Parameterschwankungen

Fall eine Gesamtabweichung $\Delta\varphi_G$ von ≈ 0,023° (0,4 mm bei 1 m Armlänge!). Dies genügt oft nicht den Genauigkeitsanforderungen. Abhilfe schafft hier grundsätzlich eine höhere Getriebesteifigkeit oder eine Lageregelung mit einer Positionserfassung am Getriebeausgang (Bild 3.22①). Dann sind jedoch sehr hochauflösende, teure Meßsysteme erforderlich, die auch nur zu Verbesserungen führen, wenn die nachgiebige Mechanik in einem anpaßten Regelalgorithmus berücksichtigt wird /45, 72, 74/. Der meist große Platzbedarf hochauflösender Meßsysteme entspricht aber nicht dem Wunsch nach einer kompakten Bauweise. In Kap.3.6.3 wird jedoch eine Meßmethode vorgestellt, die den gewünschten Anforderungen gerecht wird.

Neben der Steifigkeit hat auch die Genauigkeit der Bewegungsübertragung der Einzelgetriebe einen Einfluß auf die gekoppelten Bewegungen. Die notwendige Bedingung für eine exakte, gleichförmige Bewegungsübertragung sind ideale Getriebeeinbesätze und Kegelräder, sowie ideale Getriebekomponenten (Gehäuse, Lagerungen etc.). Zahlreiche, fertigungstechnisch bedingte Faktoren führen nun zu Verzahnungsabweichungen und damit zu Fehlern in der Bewegungsübertragung, die es hier jedoch nicht aufzuzählen gilt /75/. Auch Montagefehler der in ihrer Geometrie verglichen mit Stirnrädern komplizierteren Kegelräder haben für die Gleichförmigkeit der Bewegungsübertragung in φ_S und φ_D eine große Bedeutung /76/. Abhängig von der Qualität der Fertigungsverfahren /77/ und der Kegelradeinstellung /78/ werden damit also der idealen gleichförmigen Drehbewegung Ungleichförmigkeiten (Drehwinkelfehler) überlagert sein. Für das Bewegungsmodul sind hier die Summen der niederfrequenten Fehler, die periodisch oder mit mehreren Perioden pro Umdrehung an den Teilgetrieben auftreten, von Interesse, da sie betragsmäßig die größeren Anteile an den Winkelübertragungsfehlern haben (0,015° - 0,1°).

Für die Gelenkwinkel φ_S und φ_D gilt damit

$$\varphi_S = \varphi_{S,0} + \Delta\varphi_S \qquad (3.28)$$

$$\varphi_D = \varphi_{D,0} + \Delta\varphi_D \qquad (3.29)$$

$\varphi_{S,0}$, $\varphi_{D,0}$ ideale Gelenkwinkel

$\Delta\varphi_S$, $\Delta\varphi_D$ resultierende Winkelübertragsfehler

Die resultierenden Drehwinkelfehler ergeben sich aus den Teilfehlern der beiden Antriebsstränge, wobei der Drehwinkel am Eingang des hochübersetzenden Getriebes als ideal angenommen wird.

$$\Delta\varphi_S = \frac{1}{2}\left(\Delta\gamma_1 + \Delta\gamma_2 + \Delta\psi_{K,1} + \Delta\psi_{K,2}\right) + \frac{(\Delta\chi_1 + \Delta\chi_2)}{2}\, i_{K,0} \qquad (3.30)$$

$$\Delta\varphi_D = \frac{1}{2i_{K,0}}\left(\Delta\gamma_1 - \Delta\gamma_2 + \Delta\psi_{K,1} - \Delta\psi_{K,2}\right) + \frac{(\Delta\chi_1 - \Delta\chi_2)}{2} \qquad (3.31)$$

$\Delta\gamma_1$, $\Delta\gamma_2$ Drehwinkelfehler am Ausgang des hochübersetzenden Getriebes

$\Delta\psi_{K,1}$, $\Delta\psi_{K,2}$ Drehwinkelfehler der Kegelräder 1 und 2

$\Delta\chi_1$, $\Delta\chi_2$ Drehwinkelfehler durch Kegelrad 3

$i_{K,0}$ ideale Übersetzung der Kegelräder

Hieraus läßt sich entnehmen, daß bei einem Dreh-/Schwenkmodul mit einem Übersetzungsverhältnis $i_{K,0} = 1$ Drehwinkelfehler auftreten können, die gegenüber einem vergleichbaren Gelenk mit <u>einem</u> Freiheitsgrad maximal um die Hälfte der Einzelfehler der Kegelräder erhöht sind. Eine Reduktion dieser Fehler, die deshalb auch von Bedeutung ist, weil sich dadurch auch Koppelfehler ergeben, ist wieder über die Lageregelung am Getriebeausgang möglich (Bild 3.22①).

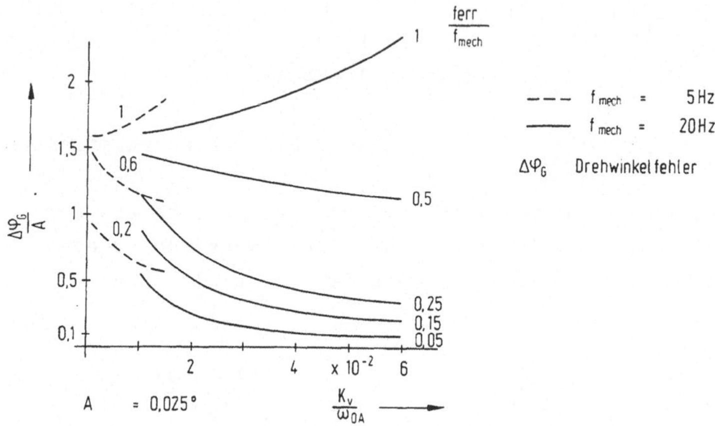

Bild 3.24: Reduzierung von Drehwinkelfehlern

Über eine konventionelle P-Lageregelung kann, wie im Bild 3.24 dargestellt, der Koppelfehler $\Delta\ \varphi_G$ zwar reduziert, aber nicht eliminiert werden. Probleme ergeben sich, wenn die Erregerfrequenz der Störung nahezu oder genau mit der Eigenfrequenz der Mechanik übereinstimmt. Ob sich gegebenenfalls die Forderung nach höher Verzahnungsqualität oder ebenfalls der Einsatz besserer Regelverfahren als effizienter herausstellt, insbesondere unter wirtschaftliche Aspekten, werden zukünftige Untersuchungen zeigen müssen.

3.6 Komponenten für Bewegungsmoduln

3.6.1 Hochübersetzende Getriebe

Die Anforderungen an Getriebe für Industieroboter sind schon häufig und umfangreich formuliert worden (beispielhaft /69/) und gelten in derselben Weise auch für die Bewegungsmoduln:

- Hohe Steifigkeit

- Geringes Spiel
- Geringe Umkehrspanne
- Geringes Massenträgheitsmoment
- Hohe Momente bei kleinem Bauraum.

Derzeit auf dem Markt befindliche Getriebe-Einbausätze (Cyclo, Harmonic-Drive, Durand, WPE usw.) sind insbesondere aufgrund der Belange im Roboterbau entwickelt worden. Trotzdem wird den zuvor genannten Kriterien bei vergleichbaren Baugrößen unterschiedlich entsprochen. Für die Anwendung in Bewegungsmoduln sind dem Gedanken entsprechend, beliebige kinematische Strukturen aufbauen zu können, zwei auf die Getriebemasse bezogene Größen von Bedeutung:

$$c_G/m_G \text{ und } M_{G,N}/m_G \text{ bzw. } M_{G,max}/m_G$$

Um einen einheitlichen Aufbau für Linear-/Drehmoduln und Dreh-/Schwenkmoduln gewährleisten zu können, sind solche Getriebe-Einbausätze einzusetzen, die eine Hohlwellenausbildung ermöglichen und bei denen der Kraftfluß am Getriebeabtrieb über große Durchmesser erfolgt. Diese Anordnung wirkt sich vorteilhaft auf die Torsionssteifigkeit des angekoppelten Kegelradtriebes aus. Um den Überlagerungsbetrieb für das Dreh-/Schwenkmodul zu ermöglichen, müssen in hochübersetzenden Getrieben grundsätzlich zwei Abtriebselemente verhanden sein, die gleichzeitig oder einzeln als solche betrieben werden können. Die wirksame Übersetzung ist dabei von der Nennübersetzung verschieden, und es gibt für Dreh- und Schwenkbetrieb dementsprechend eine unterschiedliche Momentenreduktion. Die relative Abweichung ist übersetzungsabhängig, jedoch sehr gering (1%-3%). Neben den fertigungs- und montagebedingten Winkelübertragungsfehlern haben Spiel und Umkehrspanne einen wesentlichen Einfluß auf die Genauigkeit der Bewegungsübertragung. Bei einem Großteil der für die Modulbauweise geeigneten, hochübersetzenden Getriebe-Einbausätze ist das Spiel zwischen Getriebeeingang und -ausgang nicht einstellbar. Zwar gibt es Planetengetriebesätze, bei denen über axiale Federkräfte Sonnen- und Hohlräder mit keilförmigen Zähnen verspannt werden /79/ und dadurch ein Spiel zwischen den Zahnflanken elimimert wird, aber die durch diese Maßnahme zwangsläufig auftretende Umkehrspanne (Nachgiebigkeit in Zusammenhang mit Störkräften) wirkt sich bei indirekter Lagemessung ebenso als Positionsfehler in der Größe dieser Umkehrspanne aus. Deshalb sollte das Getriebespiel definiert und fest einstellbar sein.

Exzentergetriebe bieten hierzu durch eine einstellbare Exzentrizität günstige Voraussetzungen. Bild 3.25 zeigt ein solches Getriebe, das für das Dreh-/Schwenkmodul nach Bild 3.14a entwickelt und eingesetzt wurde. Bei einem derartigen Getriebetyp ist es möglich, über eine radiale und definiert justierbare axiale Einstellung in Anlehnung an /79/ Spiel und Umkehrspanne zu minimieren. Außerdem erlaubt es bei einer minimalen Bauteileänderung die Abdeckung eines großen Übersetzungbereichs von i_G = 70...140 durch Austausch des Stufenplaneten und des Exzenters.

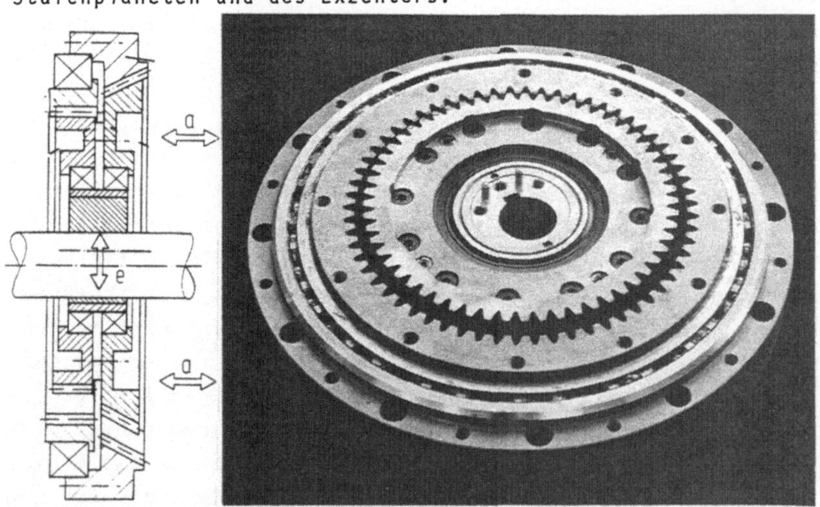

Bild 3.25: Exzentergetriebe für Bewegungsmoduln

Der Nachteil solcher Getriebetypen liegt allerdings darin, daß sich aufgrund der Lastverteilung auf nur auf <u>einen</u> Doppelplaneten und die ebenfalls dadurch notwendigen Ausgleichsmassen größere Bauvolumina und höhere Massen als bei vergleichbaren anderen Getriebetypen ergeben. Konstruktive Entwürfe von Dreh-/Schwenkmoduln mit unterschiedlichen Getriebetypen haben gezeigt, daß die Konzeption der Moduln nicht beeinflußt wird und sich daher eine Getriebeauswahl unproblematisch nach den anfangs genannten Kritieren am aktuellen Stand der Technik orientieren kann.

3.6.2 Drehstrommotoren

Die Konzeption der Bewegungsmoduln setzt für einen funktionsfähigen und wirtschaftlich vertretbaren Aufbau die Verwendung drehzahlgeregelter, wartungsfreier Drehstromantriebe voraus. Damit können

- bürstenlose Gleichstrommotoren
- Asynchronmotoren oder
- Synchronmotoren

zum Einsatz kommen. Der Leistungsbereich hierfür liegt für Standard-Roboteranwendungen zwischen 50 W und 2 kW bei Maximaldrehzahlen von ca. 4000 min^{-1}, die durch den drehzahlabhängigen Wirkungsgrad von hochübersetzenden Getrieben vorgegeben werden. Die Vor- und Nachteile dieser Antriebsmittel wurden ebenfalls schon in zahlreichen Arbeiten formuliert /59, 80, 81/, so daß hier nur auf die modulspezifischen Belange eingegangen werden soll.

Um den schon erwähnten einheitlichen Aufbau für die Bewegungsmoduln zu gewährleisten, sind diejenigen Motoren zu bevorzugen, die eine extreme Hohlwellenausbildung im Rotor zulassen. Diese Bedingung ist mit permanenterregten Motoren rotorseitig besser zu erfüllen, als mit Asynchronmotoren, da beim zweitgenannten Motortyp der magnetische Fluß im Rotor bei einem zu großen Durchlaß nicht mehr ausreichend geführt wird.

Ein häufig eingesetztes Vergleichskriterium zur Beurteilung unterschiedlicher Motortypen ist das Rotorträgheitsmoment, da es mitbestimmend für das dynamische Verhalten ist. Für die Bewegungsmoduln hat dies jedoch nicht die übliche Bedeutung, da schlanke, lange Läufer, wie sie bei Synchronmotoren vorzugsweise verwendet werden, konstruktionsbedingt nicht einsetzbar sind. Für die Moduln sind Verhältnisse von Statordurchmesser zu Eisenläge von ≈ 3..5 üblich, womit aufgrund zu erwartender Fremdträgheitsmomente von $J_F \approx 1..2\ J_M$ dieses Kriterium unbedeutend, hingegen das Leistungsgewicht M_N/m_M bzw. M_{max}/m_M aussagekräftiger wird.

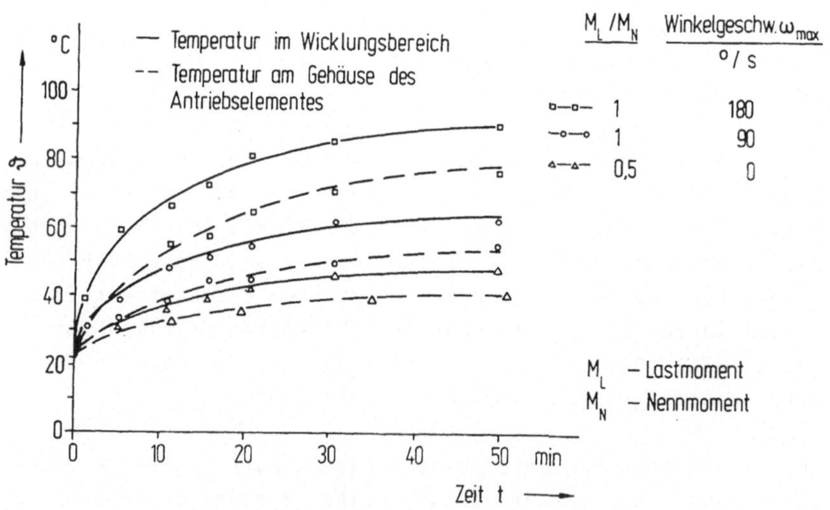

Bild 3.26: Temperaturverhalten eines Bewegungsmoduls

Erreichbare Momente im Dauerbetrieb und die Überlastbarkeit der Motoren sind aber immer im Zusammenhang mit der Motorerwärmung zu sehen. Beim Asynchronmotor bestimmt die thermische Belastbarkeit der Wicklung die zulässige Momentenbelastung, bei Synchron- und bürstenlosen Gleichstrommotoren sind es Wicklung und Koerzitivfeldstärke der Permanentmagnete. Ihr Magnetkreis muß so ausgelegt werden, daß bei der zulässigen Überlast keine Entmagnetisierung eintritt. Durch die Integration von Motoren und Mechanik bilden aber meist nicht diese Faktoren die Belastungsgrenze für die Moduln, sondern die thermische Verlustleistung. Sie bestimmt die Erwärmung der mechanischen Komponenten, die dadurch entstehende mechanische Belastung sowie die Genauigkeit, und beeinflußt damit neben der zulässigen, äußeren Momentenbelastung wesentlich die Motorauswahl. Dementsprechend sind die in ihrem Wirkungsgrad deutlich besseren, permanenterregten Synchronmotoren den Asynchronmotoren trotz höherer Kosten vorzuziehen. Bild 3.26 zeigt die Temperaturverläufe in einem Modul nach Bild 3.14 b mit integrierten Asynchronmotoren. Bei einer sinusförmigen Führungsgrößenvorgabe wurde hier sowohl die mechanische als auch die thermische Systemgrenze erreicht. Heute verfügbare, permanenterregte Motoren mit Selten-Erd-Kobald-Magneten /82/ oder Selten-Erd-Neodym-Magneten haben bei gleicher Baugröße ein 3..5fach höheres Leistungsgewicht, womit bei vergleichbaren Anforderungen thermisch bedingte Belastungen und Ungenauigkeiten minimal werden.

3.6.3 Meßsysteme

3.6.3.1 Standardmeßsysteme

Die Modulkonzeption erfordert es, kompakte Meßsysteme zur Lage- und Geschwindigkeitserfassung zu verwenden. Dem derzeitigen Stand der Technik entsprechend sind hier Impulsgeber besonders geeignet. Rotorseitig angebracht dienen sie sowohl zur Drehzahlerfassung gemäß

$$n_i\,(kT) \approx [\,\alpha_i\,(kT) - \alpha_i\,(kT - T)]/T \qquad (3.31)$$

als auch zur Erfassung der Rotorposition. Es ist dies die kostengünstigste und einfachste Meßanordnung, die aber auch durch die Lage des Meßortes nicht für alle Anwendungsbereiche der Bewegungsmoduln ausreichend ist (vergl. Kap. 3.5.2.2).

Sowohl der konstruktive Aufbau der Moduln als auch die damit verbundene Gestaltung der Achsverbindungselemente bieten nun die Möglichkeit, über zusätzlich integrierbare Meßelemente die Positionier- und Bahngenauigkeit modular aufgebauter kinematischer Strukturen zu verbessern. Damit können den prozeßbedingten Erfordernissen und einem kostenorientierten Geräteaufbau entsprechend die notwendigen, aber auch ausreichenden Komponenten ausgewählt werden (vergl. Kap. 2.2). Der Aufwand an zusätzlicher Meßtechnik orientiert sich an den notwendigen Korrekturen entsprechend den einzelnen Fehlergrößen, die in Bild 3.27 für ein Bewegungsmodul in der Schwenkebene dargestellt sind. Wie Untersuchungen gezeigt haben, ist dabei die angenäherte Betrachtung einer Armbiegung über eine Winkelabweichung $\Delta\varphi_A$ im Rahmen praxisrelevanter Größenordnungen von Roboterarmlägen und Armverformungen zulässig.

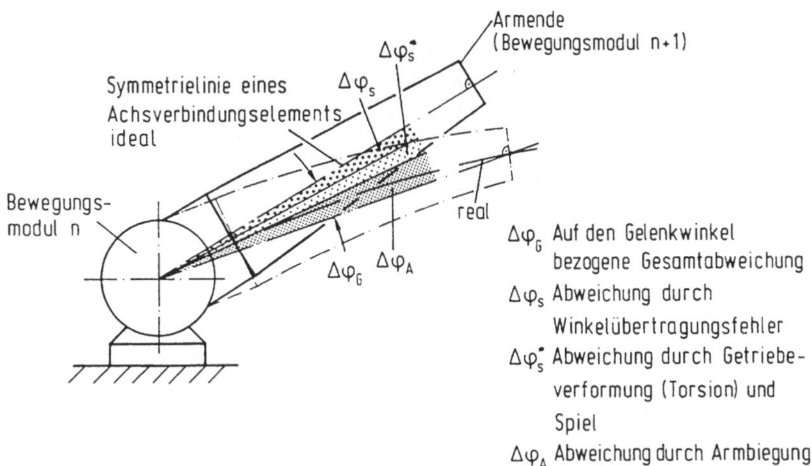

Bild 3.27: Winkelabweichungen an einem Gelenkmodul

3.6.3.2 Korrektursysteme mit konventionieller Meßtechnik

Variante I:

Eine in ihrem Aufwand minimale Erweiterung des Meßsystems in seiner Grundausführung ermöglicht es, Winkelabweichung, durch die begrenzte Verdrehsteifigkeit der Getriebe bedingt, zu erfassen und eine Korrektur der Winkellage vorzunehmen /62/. Hierzu wird am abtreibenden Gelenkteil ein zusätzlicher Impulsgeber angebracht (Bild 3.28a, vergl. auch Bild 3.12). Abtastkopf I dient zur Erfassung der Rotorposition und -geschwindigkeit, Abtastkopf II erfaßt die Winkellage β_G der Impulsscheibe zum abtreibenden Gelenkteil. Eine durch Verformung oder Getriebespiel bedingte Winkelabweichung $\Delta\varphi_S^*$ wird bestimmt gemäß

$$\Delta \varphi_S^* = k \left(\Delta I - \frac{\Delta I_M}{i_G}\right) \qquad (3.32)$$

ΔI .. Änderung der Impulsdifferenz zwischen Abtastkopf I und II
ΔI_M.. Impulszahl an der Rotorwelle auf einen Referenzpunkt bezogen
k .. Faktor zur Berechnung der Winkellage
i_G .. Getriebeübersetzung

(u. U. Drehsinnumkehr des Getriebes berücksichtigen)

Die Winkelabweichung $\Delta\varphi_S{}^*$ wird zur Führungsgrößenkorrektur auf Achsebene verwendet (Bild 3.28c, vergl. auch Bild 3.30). Legt man eine drehzahlabhängig erfaßbare Maximalimpulszahl von I ≈ 4000 INK/Umdr. zugrunde, dann beträgt bei einer üblichen steuerungsinternen Impulsvervierfachung der kleinste erfaßbare Torsionswinkel am Modul (absolute Genauigkeit aufgrund von Teilungs- und Rundlauffehlern usw. seien nicht betrachtet)

$$\Delta\varphi_{S,min} \leq 0{,}022^{\circ}$$

Verformungsbedingte Abweichungen für die in Bewegungsmoduln anwendbaren Getriebeinbausätze liegen bei Nennlast in der Größenordnung von $\Delta\varphi_S{}^* \approx 0{,}1°$ .. $0{,}25°$, d.h., daß die Positionsgenauigkeit im stationären Zustand wesentlich verbessert werden kann. Wird anstelle einer direkten Impulsbildung die sinusförmige Meßspannung eines optoelektronischen Abtastsystems zur Berechnung der Winkelschritte ausgewertet (Interpolation), dann sind relative Winkelauflösungen von $\Delta\varphi_G \leq 0{,}001^{\circ}$ erreichbar und damit entsprechende Verformungen erfaßbar. Unter Verwendung von Regelalgorithmen, die einer nachgiebigen Mechanik im Lageregelkreis Rechnung tragen, kann damit auch das dynamische Übertragungsverhalten der Bewegungsmoduln verbessert werden, allerdings, wie gezeigt, mit einem erhöhten Aufwand zur Meßsignalaufbereitung und -auswertung. Ähnlich wirkende Meßsysteme wurden auch schon zur direkten Drehmomenterfassung beim Zerspanen an Werkzeugmaschinen eingesetzt /83, 84/.

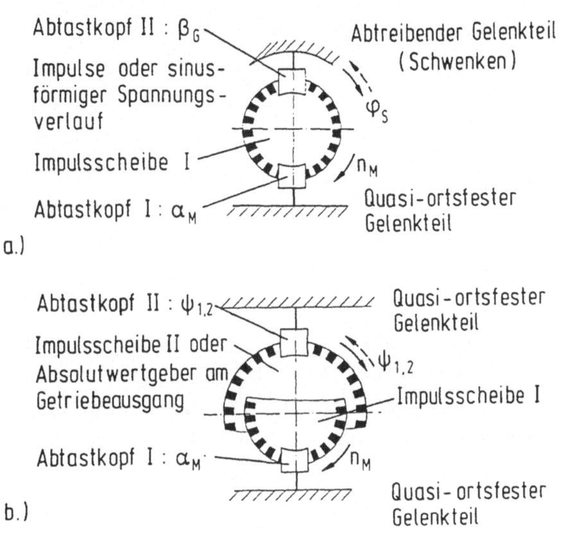

Bild 3.28: Meßsystemanordnung für Bewegungsmoduln

Variante II:

Eine weitere kostengünstige, robuste Meßanordnung und besonders für die Dreh-/Schwenkmoduln geeignete Methode zur Erhöhung der Positioniergenauigkeit wird dadurch erreicht, daß über ein Zusatzmeßsystem (Impulsgeber) die Winkellage $\psi_{1,2}$ am Getriebeausgang erfaßt wird /85/, wobei solche Meßköpfe besonders geeignet sind, die nach dem galvanomagnetischen Effekt arbeiten (Feldplattenfühler und Meßzahnrad aus ferromagnetischem Material; Evolventenverzahnung m=0,3). Diese lassen sich kostengünstig integrieren, indem Meßrad und Ke-

gelrad des Differentials als eine Einheit ausgeführt werden (Bild 3.29; siehe auch Bild. 3.14).
Zunächst würde dieses Meßsystem allein auch schon zur Winkellageerfassung genügen, in Kombination mit dem zur Drehzahlerfassung unverzichtbaren Impulsgeber am Rotor können auch hier wesentliche Verbesserungen erreicht werden. Außerdem ist zu berücksichtigen, daß aus Gründen der Betriebssicherheit steuerungsseitig die Ist-Impulszahl pro Impulsscheibenumdrehung (Null-Impuls) mit der Soll-Impulszahl verglichen wird, um auf Impulsfehler reagieren zu können. Insbesondere bei Dreh-/Schwenkmoduln kann aber die Situation eintreten, daß bei einer ausschließlichen Winkellageerfassung am Getriebeausgang über zahlreiche Bewegungszyklen hinweg keine Vergleichsmessung erfolgen kann, da eine Referenzmarke nicht durchfahren wird. Abhilfe könnten hier Absolutwertgeber schaffen. Baugrößenbedingt und aufgrund ihrer geringen Auflösung sind sie aber ohne Zusatzmeßsystem (inkremental/absolut) ebenfalls nicht für die Moduln geeignet.

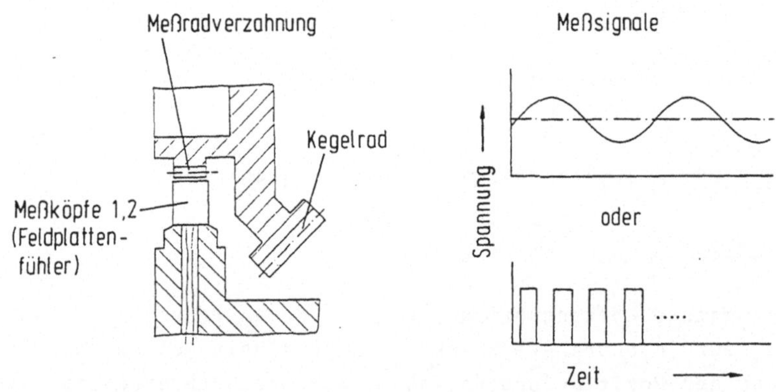

Bild 3.29: Meßsystemanordnung für Dreh-/Schwenkmodul

Im Bild 3.28b ist eine Meßanordnung zu Verformungsmessung skizziert. Durch Torsion oder Getriebespiel auftretende Drehwinkelabweichungen an den Getriebeausgängen ergeben sich zu

$$\Delta\psi^* = k\,\left(\frac{I_M}{I_G}\, i_G\, \Delta I_G - \Delta I_M\,(\Delta I_G)\right)/i_G \qquad (3.33)$$

I_M.... Impulszahl/Umdrehung des rotorseitigen Gebers
I_G.... Impulszahl/Umdrehung des getriebeseitigen Gebers
ΔI_M... Impulszahldifferenz an die Rotorwelle
ΔI_G... Impulszahldifferenz am Getriebeausgang

Die Vorgabe des Zeitrasters T zu Berechnung von $\Delta\psi^*$ kann nun durch den getriebeseitigen Impulsgeber pro Impuls gemäß $T=1/n_G I_G$ erfolgen oder als konstante Größe. Da eine Korrektur aber erst nach dem Durchlaufen einer Impulsbreite am Getriebeausgang erfolgen kann, ist die impulsabhängige Steuerung bei quasi-stationären Korrekturen die geeignetste Methode ohne zusätzlichen Aufwand. Bei dynamischen Korrekturen gilt es noch zu untersuchen, welchen Einfluß die unterschiedlichen Methoden haben (Schwingungsanregung), grundsätzlich gilt aber auch hier, daß eine konventionelle Lagerregelung dann nicht ausreichend ist.

Auch bei dieser Variante ist der kleinste erfaßbare Torsionswinkel vor der Impulszahl I_G abhängig und entspricht bei $n_M=0$ einem Inkrement.

Beispiel: I_G = 4000 INK/Umdrehung (= 1000 Zähnen)
I_M = 1000 INK/Umdrehung
i_G = 100
$n_M = 0$: $\Delta\psi_{min} = k/4000$
$n_M \neq 0$: $\Delta\psi_{min} = k/100000$

<u>Bild 3.30</u> zeigt den Signalflußplan, wie er sich für den Korrekturregelkreis ergibt.

Beispielhaft sei hierzu auch ein Korrekturvorgang aufgezeigt (<u>Bild 3.31</u>). Der Korrekturwert für den Rotorpositionswinkel

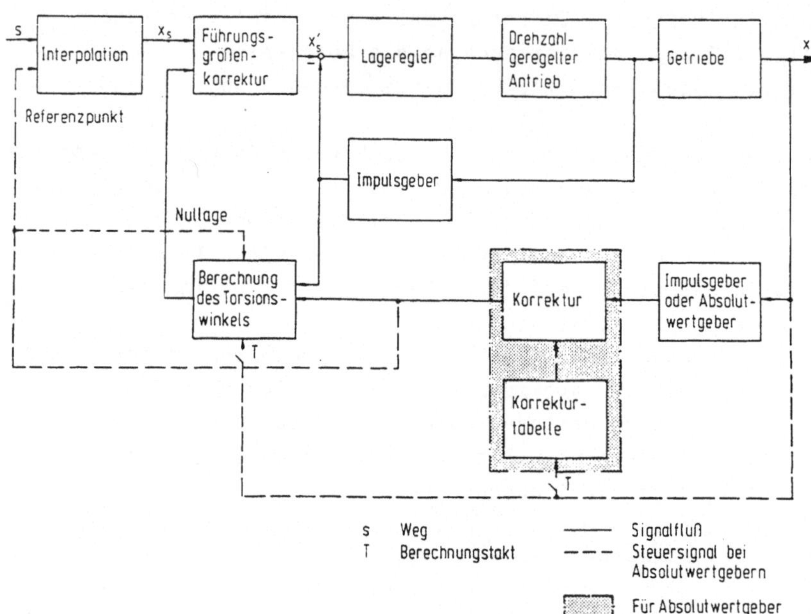

Bild 3.30: Singalflußplan für Korrekturregelkreise

entspricht dabei einer Torsionsverformung am Getriebeausgang bei einer Belastung mit Nennlast (≙ 0,007 rad).

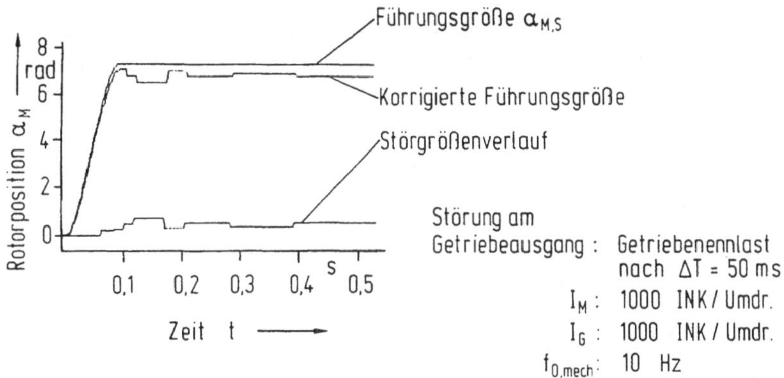

Bild 3.31: Korrekturvorgang bei Störung am Getriebe (Slope)

Anstelle eines Impulsgebers können auch Miniaturabsolutwertgeber am Getriebeausgang angebracht werden. Baugrößenbedingt lassen sich diese einfach und mit geringem zusätzlichen Platzbedarf integrieren. Bei jedem Winkelschritt kann dann das Korrekturverfahren in gleicher Weise wirken wie das zuvor Beschriebene; außerdem hat man zusätzlich den Vorteil einer schnellen Referenzpunktfahrt (übliche Verfahrwege zur Referenzpunktfahrt < 3°). Aufgrund großer Winkeltoleranzen zwischen zwei Schritten (30'-40') ist es jedoch vorteilhaft, den absoluten Werten Korrekturwerte zuzuordnen, die bei jedem Schritt abgerufen werden.

3.6.3.3 Lasermeßsysteme

Die im folgenden beschriebenen Meßsysteme können zwar auch für Industrieroboter konventioneller Bauart eingesetzt werden, die durch die Bewegungsmoduln geprägte Konzeption, die Achsverbindungselemente mit einfachster Geometrie erlaubt, (vgl. Kap. 4) ermöglicht jedoch eine optimale Integration. Weiterhin wird damit die Möglichkeit geschaffen, das modulare Robotersystem unter wirtschaftlichen und technischen Aspekten vom einfachen Handlingsautomaten bis hin zum hochgenauen Roboter zu nutzen, letzteren insbesondere unter dem Aspekt einer angestrebten Leichtbauweise. Bedingung hierzu ist jedoch die Schaffung eines entsprechenden Bauraums zwischen den beiden Motoren im Gelenk, was jedoch in dem geforderten Umfang unproblematisch und für eine günstige Leistungsversorgung und Führung von Steuerleitungen ebenfalls nützlich ist.

3.6.3.3.1 Prinzipieller Aufbau und Wirkungsweise

Die in Kapitel 3.6.3.2 dargestellten Korrektursysteme erlauben es, Verformungen am Getriebeausgang (Torsion), Umkehrspannen und Spiel im angegebenen, eingeschränkten Umfang zu erfassen. Zu denjenigen Größen, die dort außerhalb des Meßkreises liegen, gehören fertigungs- und montagebedingte Rundlauffehler am Gelenk bzw. Getriebeausgang, sowie Torsions- und Biegeverformungen an Achsverbindungselementen.

Zwar wären hochauflösende Inkrementalgeber mit einer Auflösung von 1" durchaus geeignet, Torsionsverformungen am Getriebeausgang hinreichend genau zu erfassen, sie sind jedoch sehr teuer, bauen relativ groß und sind funktionsbedingt nicht dazu geeignet, Auswirkungen von Rundlauffehlern, die in der Praxis doch bei 2'-4' liegen können, zu erfassen (Kupplung zwischen Meßglied und belastetem Getriebe wegen Fluchtungsfehlern zwischen den Achsen). Der Grundgedanke liegt nun darin, eine dem belasteten Industrieroboter "parallele", unbelastete Struktur zu schaffen. Die Achsverbindungselemente werden hierzu über einen Laserstrahl nachgebildet. Der Lichtstrahl verformt sich nicht bei Belastung des Industrieroboters und kann damit als Referenzgröße verwendet werden /44, 86/. Ähnliche meßtechnische Ansätze werden auch in /87, 88/ beschrieben, über die jedoch ausschließlich Armverformungen erfaßt werden. Wesentlich ist jedoch, solche ergänzend für eine Getriebeanordnung zu erreichen, betragen doch die getriebebedingten Abweichungen z.B. ein Vielfaches einer durch Biegung hervorgerufenen Abweichung.

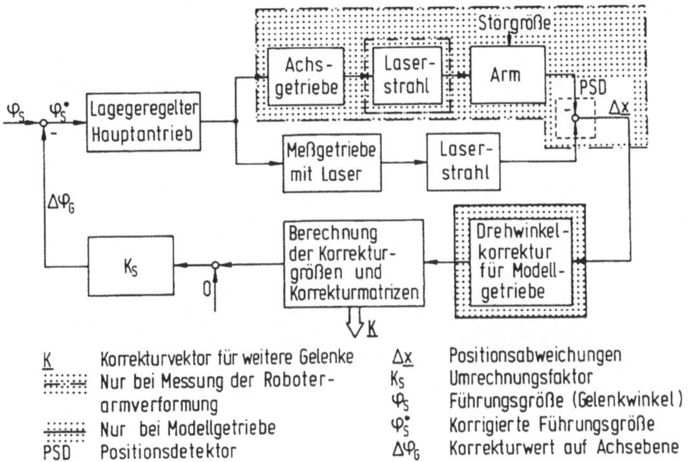

Bild 3.32: Anordnung für ein Laserkorrektursystem

Dies erreicht man, indem dem Lastgetriebe ein unbelastetes Meßgetriebe "parallel" angeordnet wird.

Meßgetriebe und Lastgetriebe werden vom gleichen Motor angetrieben und weisen dieselbe Übersetzung auf. Anstelle der belasteten Struktur führt das Meßgetriebe den Laser, dessen Strahl zu Positionsdetektoren am Armende zeigt. Über diese Detektoren, die allgemein in der Lasermeßtechnik verwendet werden /z.B. 89/, können nun die gesamten Positionsabweichungen am Armende bestimmt werden und als Korrekturwerte den Lageregelkreisen zugeführt werden. Bild 3.32 zeigt die Anordnung für ein derartigs Korrektursystem auf Achsebene, in Bild 3.33 ist der Verlauf einer Positionskorrektur dargestellt, wobei die Stör- und Korrekturgröße selbst vergrößert dargestellt sind.

Das Meßsystem kann auch zur Erfassung von Positionsabwei-

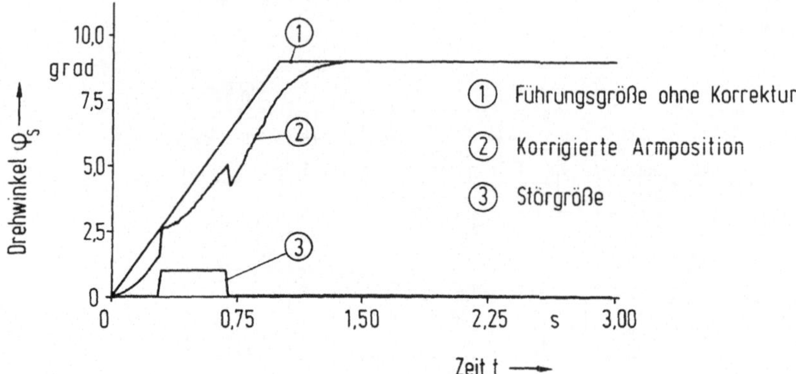

Bild 3.33: Korrekturverlauf bei Störung

chungen (Biegung und Torsion am Armende, sowie Drehwinkelfehlern am Getriebeausgang) in Dreh-/Schwenkmoduln eingesetzt werden, wenn diese in einer Bewegungsebene, z.B. Schwenkebene auftreten. Dreh- und Schwenkbewegung müssen

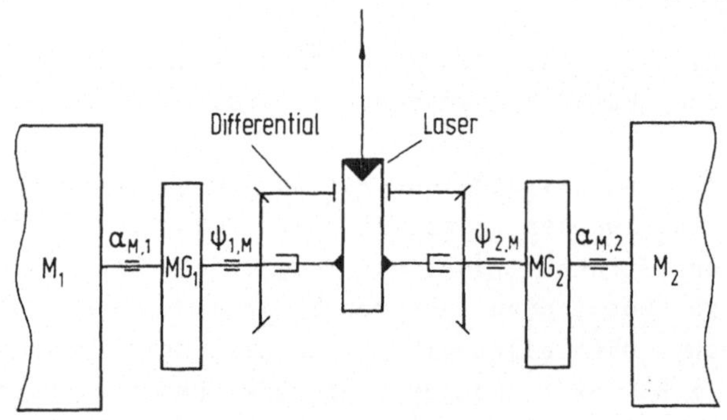

MG_1, MG_2 Modellgetriebe
M_1, M_2 Gelenkmotoren
$\alpha_{M,1}, \alpha_{M,2}$ Rotorpositionswinkel
$\psi_{1,M}, \psi_{2,M}$ Positionswinkel am Modellgetriebeausgang

Bild 3.34: Meßsystemanordnung für ein Dreh-/Schwenkmodul

hierzu entkoppelt werden (Bild 3.34). Zur Erfassung von

Abweichungen in der Drehebene kann das Meßgetriebe in seiner anfangs beschriebenen Konfiguration verwendet werden,es ist jedoch konstruktiv so auszuführen, daß bezüglich des Lastgetriebes eine Bewegungsumkehr stattfindet. Wird nun das Gehäuse des Modellgetriebes vom belasteten Teil des Bewegungsmoduls mitbewegt, dann führt der Laserstrahl keine führungsgrößenbedingte Bewegung aus, sondern zeigt am ortsfesten Detektor nur die Drehwinkelabweichungen bzw. Verformungen an.

3.6.3.3.2 Beispielhafte Ausführung

Bild 3.35 zeigt den Aufbau eines Bewegungsmoduls für Schwenkbewegungen mit integriertem Lasermeßsystem (a) und ein Meßgetriebe (b) mit gekoppeltem Laser (Halbleiterlaser, Dauerleistung 3≈mW). Das Meßgetriebe wurde als Stirnradgetriebe ausgebildet (i_M=100). Die über Federkraft verspannten Radpaarungen gewährleisten eine dauerhafte Spielfreiheit, da äußere Kräfte und Momente vernachlässigbar sind (Lasermasse ≈ 10g). Die erreichbare Baugröße des Meßgetriebes (Breite= 18mm, Gehäusedurchmesser=80mm) ermöglicht auch eine Integration des Korrektursystems in Dreh-/Schwenkmoduln.

Eine erhöhte Genauigkeit der Bewegungsübertragung eines Bewegungsmoduls kann mit Hilfe des parallel angeordneten Meßgetriebes nur dann erreicht werden, wenn die Winkelübertragungsfehler des Meßgetriebes selbst vernachlässigbar sind. Dies würde zunächst einen entsprechenden Fertigungsaufwand für diese Getriebe bedeuten und daher auch ein kostenintensives Korrektursystem. Es kann nun aber für jedes Meßgetriebe der Verlauf der Drehwinkelabweichungen ermittelt werden, wie es üblicherweise auch für genaue handelsübliche Inkrementalgeber getan wird, der beim späteren Einsatz des Getriebes im Gelenkmodul als Kalibrierkurve dient (vergl. hierzu auch Bild 3.30). Dies bedeutet, daß Winkelübertragungsfehler grobtolerant gefertigter Meßgetriebe eliminiert,

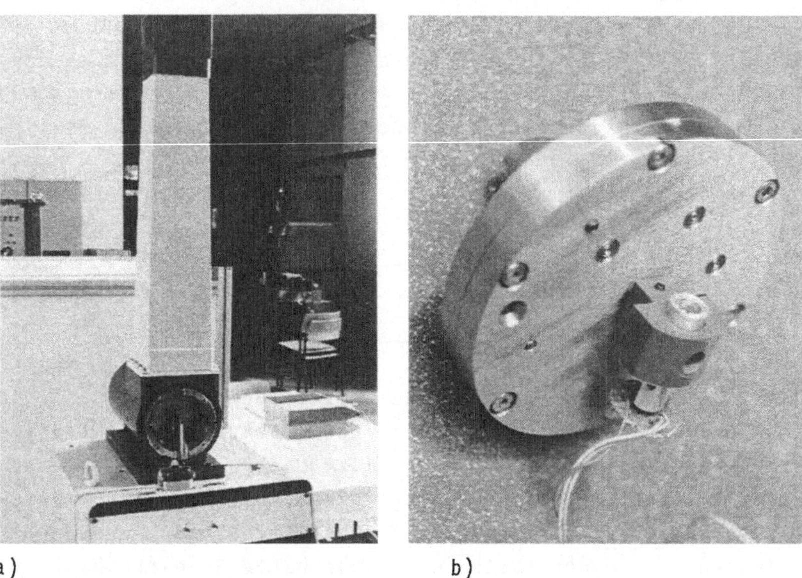

a) b)

Bild 3.35: Bewegungseinheit mit integriertem Lasermeßsystem

die Kosten für derartige Korrektursysteme aber trotzdem gering gehalten werden können. Der Aufwand zur Erfassung und Auswertung der Kalibrierkurven wird verringert, wenn über die konstruktive Gestaltung des Meßgetriebes erreicht wird, daß die dominierenden Drehwinkelfehler am Abtrieb periodisch auftreten. Bild 3.36 zeigt den Verlauf der Lageabweichung am Armende der in Bild 3.35 dargestellten Bewegungseinheit in der Bewegungsebene φ_S. Eine dynamische Korrektur erfordert regelungstechnische Maßnahmen, die nicht Inhalt dieser Arbeit sein können, ebenso wie die Weiterentwicklung steuerungstechnischer Mittel zur Korrektur von Verformungen senkrecht zur Bewegungsebene und Torsionverformungen am Armende. Eine Korrektur bei statischem bzw. quasi-stationärem Verhalten mit einer Genauigkeit von $\pm$ 0,01mm am Armende wird über das Meßsystem jedoch mit konventionellen Reglern erreicht.

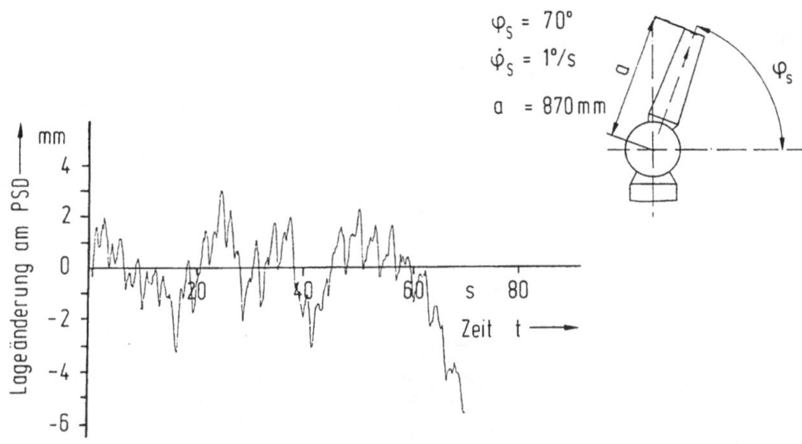

Bild 3.36: Lageänderung zwischen Laserstrahl und Roboterarm ohne äußere Belastung

3.6.3.4 Bewertung der Korrektursysteme

Im Vorangegangenen konnte gezeigt werden, daß es die Konzeption der Bewegungsmoduln gestattet, zusätzliche Meßsysteme zur Verbesserung ihres Systemverhaltens zu integrieren. Dies kann sowohl auf der Basis konventioneller als auch durch physikalisch anders wirkende Meßsysteme erfolgen. Generell gilt dabei, daß die dadurch geschaffenen Variationsmöglichkeiten einen wesentlichen Einfluß auf die Zusammenstellung modularer Geräte haben. Einer Reihe von Auswahlkriterien wie Steifigkeiten von Getrieben und Roboterarmen, Positioniergenauigkeiten usw. kann damit nicht nur durch eine Variation der Bewegungsmoduln und Achsverbindungselemente an sich entsprochen werden, sondern auch über meßtechnische Ergänzungen für die Moduln im Zusammenhang mit den dazugehörigen Steuer- und Regelstrategien.

Die in Bild 3.37 aufgeführte Bewertung des Meßsystemeinsatzes in Bewegungsmoduln ist insbesondere auf den Integrationsaufwand hierzu zu beziehen (konstruktiver Aufbau und Auswertung), da lediglich die wirtschaftlichere Lösung für den Aufbau von Industrierobotern aus modularen Komponenten bestimmend ist. Über die Variante II und das Lasermeßsystem wird damit die höchste Effizienz bei Schwenkmoduln und

Eigenschaften / Meßsystem	Effizienz im Bewegungsmodul				Meßtechn. Aufwand	Erfassung der Winkelabweichungen		
	L	LD*	S	DS		$\Delta\varphi_s$	$\Delta\dot{\varphi}_s$	$\Delta\varphi_A$
Standard-Meßsystem	●	●	●	●	○	—	—	—
Variante I	—	◐	●	◐	○	◐	◐	—
Variante I mit Sinusauswertung	—	◐	●	◐	●	●	●	—
Variante II	—	◐	●	●	◐	◐	◐	—
Lasermeßsystem	—	◐	●	●	●	●	●	●

○ gering ◐ mittel ● hoch • Getriebevariante

Bild 3.37: Bewertung des Meßsystemeinsatzes in Bewegungsmoduln

Dreh-/Schwenkmoduln erreicht, wenngleich bei Variante II die Erfassung von Positionsabweichungen eingeschränkt ist. Dies liegt daran, daß fertigungs- und montagebedingte Drehwinkelfehler auch außerhalb des Meßkreises liegen können. Das Lasermeßsystem, das im Rahmen dieser Arbeit nur in einer einfachsten Variante in seiner Wirkung auf Achsebene betrachtet wurde, ermöglicht dagegen eine vollständige Erfassung von Positionsabweichungen, d.h. Torsions- und Biegeverformungen in allen Bewegungsebenen.

4 Achsverbindungselemente für modulare Industrieroboter

4.1 Gestaltungsmöglichkeiten

Die Konzentration aller Antriebselemente zu kompakten Bewegungseinheiten erlaubt die Bildung kinematischer Ketten, die als Verbindungsglieder (Achsverbindungselemente) zwischen den Gelenken Bauteile einfachster geometrischer Gestalt aufweisen. Ein sechsachsiger Gelenkroboter in einer Standardkinematik läßt sich aus 3 Dreh-/Schwenkmoduln und zwei einfachen Achsverbindungselementen aufbauen. (Bild 4.1a und Bild 4.3 rechts) /19, 41/

Die Vorteile, die sich hieraus für die Gestaltung von Achsverbindungselementen ergeben, sind wie folgt:

- Im allgemeinen einfache Berechnungsverfahren zur Dimensionierung der Elemente
- Geringer Fertigungsaufwand beim Einsatz konventioneller Konstruktionswerkstoffe
- Freie Gestaltungsmöglichkeiten für die Achsverbindungselemente nach Kriterien wie Masse, Steifigkeit, Verträglichkeit gegenüber der Umwelt usw.
- Einfache Anpassung der Geometrie von Achsverbindungselementen an Arbeitsraumbedingungen, insbesondere die Lageanpassung von Adaptern an den Arbeitsbereichen von Bewegungsmoduln (Bild 4.1b)
- Ein vom Industrieroboter-Anwender selbst herstellbares oder modifizierbares, einfaches und kostengünstiges Bauteil

Lediglich für das Bewegungsmodul für Linear-/Drehbewegungen ist es bei einer Reihe von Kinematiken u.U. wünschenswert, auch Führungen für die Linearbewegungen in das Achsverbindungselement zu integrieren. Der Adapter wird damit zwar fertigungstechnisch aufwendiger, die Schale als Struktur des

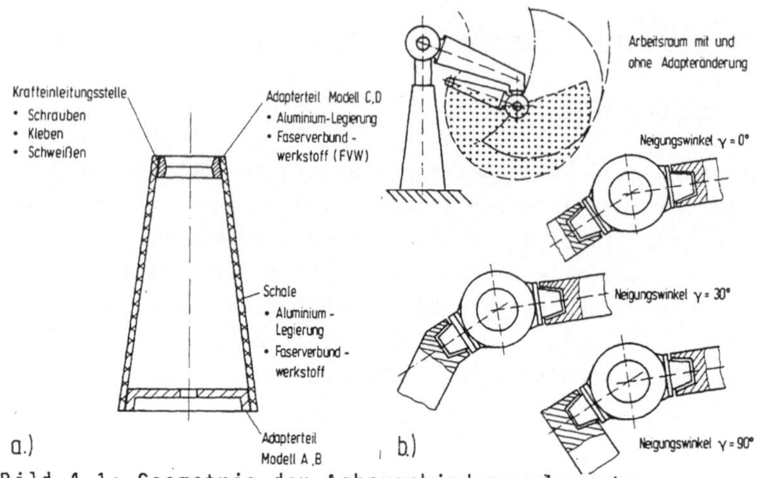

Bild 4.1: Geometrie der Achsverbindungselemente

Armes bleibt jedoch als einfaches Element erhalten. Das Adapterteil dient zur Aufnahme der Bauelemente für das mechanische Verschlußsystem. Es muß zwei Funktionen erfüllen:

- Definiertes, reproduzierbares Verbinden zweier Moduln (Achsverbindungselemente oder Bewegungsmoduln)
- Übertragung von Kräften und Momenten

Durch einen Kegelsitz und eine zusätzliche Fixierung wird die Lage und Orientierung zweier Moduln eindeutig festgelegt, wobei das Verspannen entweder manuell (Schraubverschluß, Bajonettverschluß etc.) oder automatisiert, d.h. mit Hilfsenergie erfolgen kann (Bild 4.2).

Die Achsverbindungselemente können fertigungstechnisch in folgenden Formen ausgebildet sein (beispielhaft):

- als Gußbauteil (z.B. Aluminium-Sandguß) mit angegossenen Roh-Adaptern
- als Halbzeug (Aluminium) und geklebten, geschweißten oder

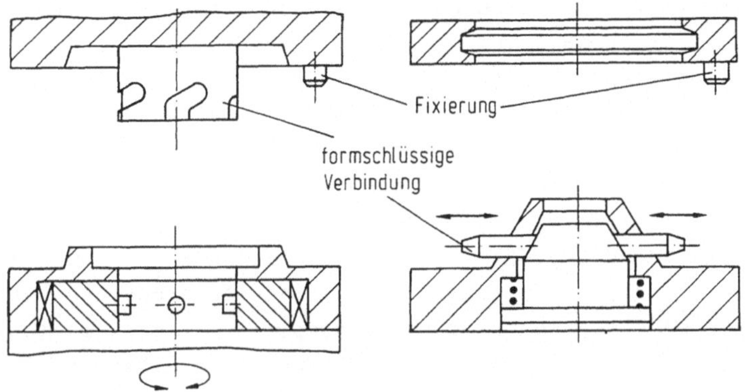

Bild 4.2: Mechanischer Verschluß im Adapterteil (Skizzen)

geschraubten Adaptern

- als Faserverbundbauteil mit geklebten oder geschraubten Adaptern
- als geklebte Kastenbauweise aus verstärktem Aluminium (Wabe)

Eine modulare Roboterbauweise ermöglicht nun die für einen aktuellen Einsatzfall funktionsoptimale Auswahl von Achsverbindungselementen, für die im folgenden einige Gesichtspunkte aufgeführt werden.

4.2 Einflußgrößen auf die Gestaltung von Achsverbindungselementen

Die Positionier- und Bahngenauigkeit von Industrierobotern wird, wie es auch bei Werkzeugmaschinen der Fall ist, durch Verformungen von Bauelementen infolge von Kräften und Momenten, aber auch durch thermische Einflüsse mitbestimmt. Aus dem konstruktiven Aufbau, den geometrischen Formen und der Werkstoffwahl resultiert die Größenordnung einer Positionsabweichung bei vorgegebener mechanischer Belastung. Durch die Wahl der Armquerschnittsformen, der Schalenwandstärke und der Werkstoffe können diese einfach berechnet und zulässige Werte problemlos eingehalten werden. Weit schwieriger ist die Abschätzung der Auswirkungen einer thermischen Belastung. Sie wird bestimmt durch die Verlustleistung in Motoren und Antriebselementen wie Getrieben, Spindeln usw. So bewirkt die Erwärmung eines Spindel-Mutter-Antriebssystems in Knickarmrobotern, bedingt durch eine besondere kinematische Anordnung, eine Gesamtverlagerung an der Roboterhand (TCP) bis zu 0,4mm /90/. Bei Industrierobotern einer Kinematik wie in Bild 4.3 links dargestellt, liegt die thermisch bedingte Verlagerung des TCP nur bei ≈ 0,1mm /91/, da die Wärmeabstrahlung durch die an die mechanischen Strukturen angeflanschten Motoren und die Wärmekapazität der Bauelemente im Bereich der Krafteinleitung relativ hoch sind.

Die Integration der Antriebsmoduln in die Gelenke bewirkt nun eine höhere, wenn auch eine vorteilhafte symmetrische thermische Belastung der Achsverbindungselemente (vergl. Kap. 3.6.2). Besonders unter dem Aspekt einer meist angestrebten Leichtbauweise, d.h. einer Massenreduzierung der

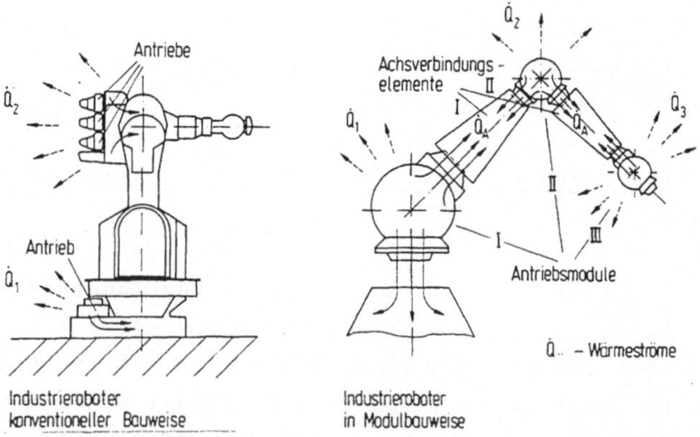

Bild 4.3: Wärmeströme bei unterschiedlichen Roboterbauweisen

bewegten Teile, bedeutet die Verringerung der Wärmekapazität bei gleichen Umgebungsbedingungen einen erhöhten Wärmestrom in die Achsverbindungselemente und damit größere, thermisch bedingte Verformungen (Bild 4.3 rechts). Das modulare Konzept erlaubt es jedoch, der Roboteranwendung entsprechend für die Achsverbindungselemente solche Konstruktionswerkstoffe zu verwenden, durch die ohne Zusatzsensorik die geforderten Genauigkeiten erreicht werden können.
Bild 4.4 zeigt die Nachbildung der Temperaturverläufe im Bewegungsmodul (stark vereinfachte Modellbildung) und im Achsverbindungselement. Grundlage für das Simulationsmodell nach der Finiten Differenz Methode (FDM) waren die Temperaturverläufe $\vartheta = \vartheta(t)$ im Wicklungsbereich und am Achsgehäuse eines Moduls (vergl. Bild 3.26) für folgende Belastung:

M_L/M_N	= 1
ω_{max}	= 180 grd/s
Einschaltdauer	= 100%
Verlustleistung im Nennbetrieb	= 100W

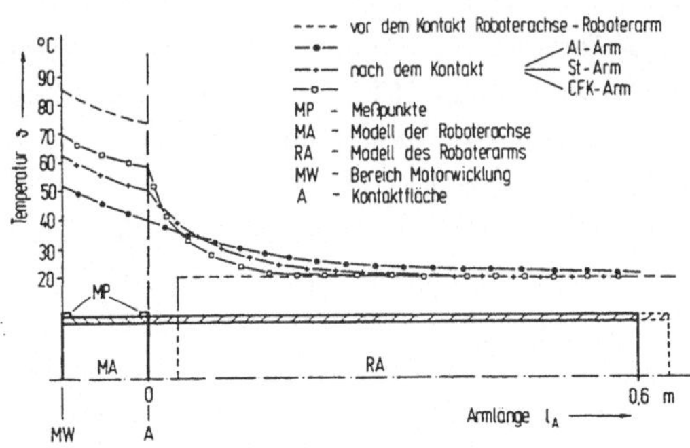

Bild 4.4: Temperaturverläufe in einer Achseinheit (stationärer Zustand)

Aufgrund der hohen Wärmekapazität und Leitfähigkeit entzieht das Achsverbindungselement aus Aluminium (Al) dem Bewegungsmodul am meisten Wärme; dasjenige aus Faserverbundwerkstoff (CFK) hat zwar eine hohe Wärmekapazität, aber eine geringe Wärmeleitfähigkeit, wodurch wenig Wärme abgeführt wird. Längenänderungen für Achsverbindungselemente ergaben sich wie folgt:

$$l_{Al} = 0{,}14 \text{ mm}$$
$$l_{St} = 0{,}05 \text{ mm}$$
$$l_{CFK} < 0{,}001 \text{ mm}$$

Der Vorteil von Achsverbindungselementen aus Faserverbundwerkstoff wird deutlich; auf eine Reduzierung der Festigkeitsreserven durch die hohen Temperaturen ist jedoch zu achten. Die mechanisch und thermisch bedingten Verformungen sind aber immer unter dem Aspekt der Armmasse zu betrachten: das Ziel bei der Entwicklung von Achsverbindungselementen ist immer ein möglichst großer Quotient EI/ρ bzw. GI_p/ρ. Eine Reduktion der Armmasse durch eine CFK-Bauweise und damit eine Reduzierung der Getriebebelastung- und verformung durch hohe Beschleunigungsmomente und statische Momente ist für das modulare System aufgrund der Massenverhältnisse von Achsverbindungselement zu Bewegungsmodul nur interessant, wenn sehr große Armlängen (l_A >1000 mm) sowie geringe Greifer- und Nutzlasten gegeben sind und die Lage der Achsverbindungselemente innerhalb der kinematischen Kette von der Grundachse weit entfernt ist (z.B. Achsverbindungselement II im <u>Bild 4.3</u>). Dann können Massenreduktionen von ca. 20% erwartet werden /92/. Es ist jedoch zu beachten, daß häufig schon optimierte Konstruktionen in konventioneller Bauweise Werte von $(l_A \cdot q_A)/F_L$ <<1 liefern (F_L-Gewichtskraft durch Greifer und Nutzlast) und der Einsatz von Leichtbauwerkstoffen daran zu messen ist.

4.3 Achsverbindungselemente aus Faserverbundwerkstoffen

Um vergleichende Untersuchungen zwischen Achsverbindungselementen aus verschiedenen Werkstoffen zu ermöglichen, wurde ein Element aus Faserverbundwerkstoff hergestellt. Die Berechnung und Herstellung der CFK-Schale erfolgte am IFB+ /92/. Bild 4.5 zeigt diese CFK-Schale mit verschraubtem Adapterteil (Modell A, Bild 4.1) und eine graphische Darstellung des Verformungszustandes für den Belastungsfall F1, F2 und M_t (vergl. Bild 4.6). Um Einflüsse des Adapterteiles auf Festigkeiten und Verformungen auszuschließen, wurde dessen geometrische Abmessung entsprechend hoch gewählt (große Wandstärke, langer Reibschluß) (Bild 4.6). Für weitergehende Untersuchungen wurde die Gestaltung des Adapterteiles variiert, wobei für die Krafteinleitung in die Schale übliche Klebe- und Bolzenverbindungen betrachtet wurden.

In weiteren Schritten wurde bei gleichbleibenden Belastungsfällen, gleicher Krafteinleitungsgestaltung und gleicher

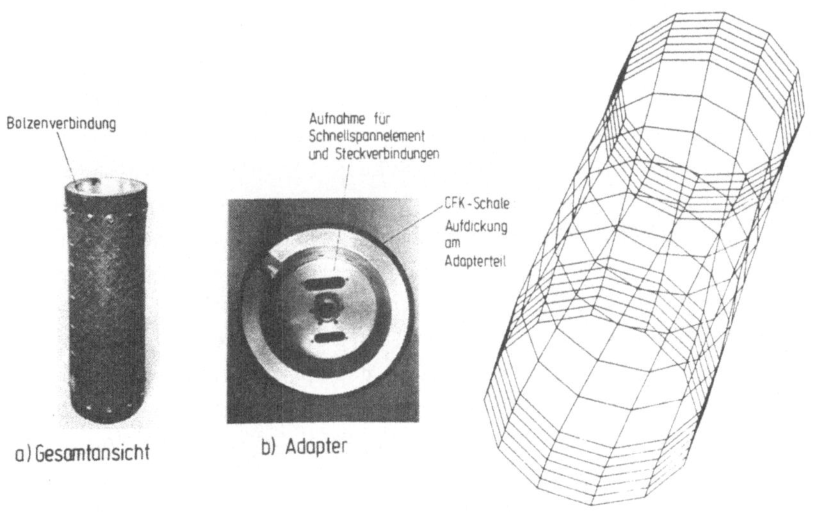

Bild 4.5: Achsverbindungselement mit CFK-Schale

+ IFB: Institut für Flugzeugbau der Universität Stuttgart
Prof. Dr.-Ing. F.-J. Arendts

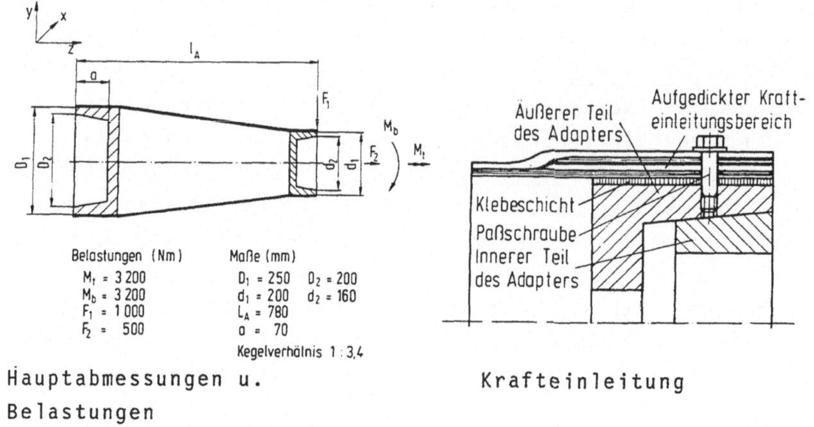

Hauptabmessungen u. Belastungen

Krafteinleitung

Bild 4.6: Gestaltung eines Achsverbindungselementes aus Faserverbundwerkstoff

Länge der Reibschlußverbindung die Wanddicke der Adapter reduziert d.h. deren Innendurchmesser vergrößert (Modell B). Die FE-Berechnung ergab nahezu identische Steifigkeiten und Festigkeitswerte für die Schale (Adapterbereich). Durch eine geringere Paßlänge der Paßschrauben im Adapter wurden die Festigkeitswerte gegenüber der ersten Ausführung um den Faktor 1,7 verringert, was sich auf den Reservefaktor bei dynamischer Belastung schon kritisch auswirkte. Durch eine Änderung der Adaptergeometrie wurde eine weitere Gewichtsreduzierung über eine Verkürzung des Reibschlusses und durch Klebeverbindungen (Epoxydharz) mit und ohne Verschraubung erreicht (Modell C und D, vergl. Bild 4.1). Einen Vergleich der Massenverhältnisse zeigt Tabelle 3.

Wie schon erwähnt, ist das Temperaturverhalten der Bewegungsmoduln für die Klebeverbindungen besonders zu beachten. Die theoretischen Festigkeitsreserven bleiben bis zu einer Temperaturen von 50°C erhalten, bei 70°C-80°C sind sie je-

	Armmodell	Krafteinleitung	Schalenmasse [Kg]	Adaptermasse ** [Kg]
CFK	A Modell nach Bild 4.6	Kleben + Schrauben	3,33	15,7
	B Vergrößerung des Adapterinnendurchmessers von A	Kleben + Schrauben	3,33	10,5
	C zusätzlich Reduktion* der Reibschlußlänge von B	Kleben	2,55	2,95
	D wie C	Kleben + Schrauben	2,55	2,95
Al	wie C	Kleben	4,54	2,95

* ohne Aufdickung im Adapterbereich
** Schrauben sind nicht in der Adaptermasse enthalten

Tabelle 3: Massenverhältnisse unterschiedlicher Modelle

doch nicht mehr ausreichend. Auch die Adaptergeometrie mit kurzem Reibschluß und geklebter Bolzenverbindung ergibt eine ausreichende Festigkeitsreserve für alle Betriebsbedingungen. Eine Gegenüberstellung theoretischer Kenndaten zeigt Tabelle 4, die experimentell ermittelten Werte haben hierzu eine mittlere Abweichung von ca. 5%. Interessant sind insbesondere die auf das Schalengewicht (ohne Adapterteil) bezogenen Daten. Sie zeigen, daß abhängig von der Beanspruchungsart, eine konventionelle Bauweise Vorteile bringt, aber auch, daß unter der Berücksichtigung eines optimalen statischen und dynamischen Verhaltens es durchaus sinnvoll ist, entsprechend der Beanspruchungsart die Achsverbindungselemente in einer kinematischen Kette unterschiedlich zu gestalten. Diesen Vorteil bietet aber nur das modulare System.

Mit der bestehenden Konzeption zur modularen Gestaltung von Industrierobotern wird eine weitere Massenreduzierung über die Achsverbindungselemente kaum möglich sein. Abweichend davon kann aber eine Massenreduktion von ca. 15% bei Schwenk- bzw. Dreh-/Schwenkmoduln erreicht werden, wenn Funktionselemente in Achsverbindungselemente aus Faserverbundwerkstoffen integriert werden (Bild 4.8).

Kennwerte	Modell				
	A	B	C Kleben	D Kleben-Schrauben	Al
Biegesteifigkeit K (N/mm)	7898	7827	6951	6378	8476
Torsionssteifigkeit GJ_T (Nm²)	439 239	438 644	423 596	390 416	823 721
Auf das Schalengewicht bezogene Werte:					
Biegesteifigkeit $\overline{K}$ (N/Kg mm)	2393	2371	2725	2501	1866
Torsionssteifigkeit $\overline{GJ}_T$ (Nm²/Kg)	133 102	132 922	166 116	153 104	181 436
Biegeeigenfrequenz* f (Hz)	62,7	62,6	58,9	56,4	65

* Konzentrierte Zusatzmasse 50 kg

Tabelle 4: Kennwerte unterschiedlicher Modelle

Diese verlieren dann allerdings einige der in Kap. 4.1 genannten Vorteile. Erfolgt nun der Aufbau der Bewegungsmoduln im Gegensatz zu dem in Bild 3.14 Gezeigten grundsätzlich mit

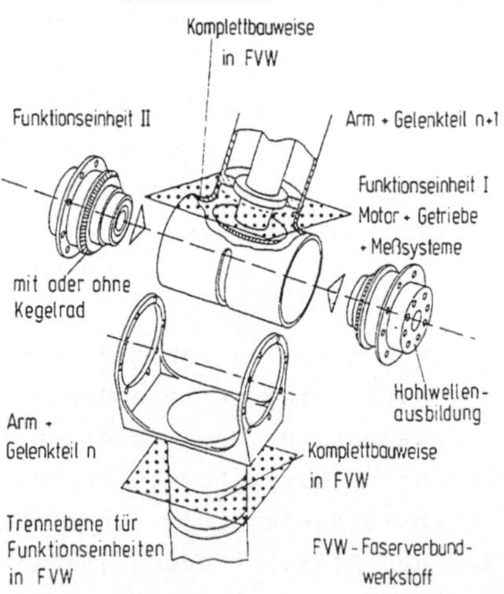

Bild 4.8: Funktionseinheiten einer geänderten Baukastenkonzeption

Funktionseinheiten gemäß Bild 4.8 (I+II), dann kann beiden Konzeptionen entsprochen werden. Inwieweit mit dieser zweiten Varianten weitere, in Richtung Leichtbau gehende Verbesserungen erreicht werden können, müssen zukünftige Untersuchungen zeigen.

Eine Wertung unterschiedlicher Herstellungsmöglichkeiten von Achsverbindungselementen zeigt abschließend Bild 4.9. Eine Kastenbauweise, die ohne wesentliche Form- und Maßtoleranzen durch Laserschweißen hergestellt werden kann, ist für hochbeanspruchte Teile vorzuziehen und neben Konstruktionen aus Faserverbundwerkstoffen für Leichtbauweisen geeignet.

Herstellungsverfahren	Herstellungsaufwand	Besondere Merkmale	Achsabstandsbereich	Integrationsaufwand für Adapter
Gußverfahren	niedrig	große Wandstärken große Massen	<300mm	sehr einfach
Sandwichbauweise	sehr hoch	hohe spezifische Kennwerte	> 1m	sehr aufwendig
Halbzeug	niedrig bei hohen Stückzahlen	Masse durch minimale Wandstärke (1,5mm) bestimmt	<500mm	einfach
Verbundwerkstoffe Wickelverfahren Fachwerk	sehr hoch	hohe spezifische Kennwerte	> 1m	sehr aufwendig
Lasergeschweißte Kastenbauweise (St)	hoch	hohe Biege- und Torsionssteifigkeiten	< 1m	sehr einfach
Geklebte Kastenbauweise (Al)	niedrig	kostengünstig, hohe Biegesteifigkeiten	<500mm	aufwendige Verklebung

Bild 4.9: Wertung unterschiedlicher Herstellungsmöglichkeiten für Achsverbindungselemente

5 Steuerungstechnische Konsequenzen als Ergebnis einer modularen Gerätetechnik

Die Effizienz modular gestalteter Industrieroboter, aber auch einzelner Bewegungsmoduln, hängt neben den Eigenschaften der einzelnen Moduln selbst wesentlich von der verfügbaren Steuerungstechnik ab. Dies betrifft sowohl die Leistungssteuerung als auch die Funktionssteuerung. Einerseits müssen beide den Anforderungen und Möglichkeiten eines modularen Systems angepaßt sein, andererseits beeinflussen beide Steuerungskonzeptionen die Schnittstellen der Bewegungsmoduln. Im folgenden sollen deshalb mögliche Strukturen aufgezeigt werden.

5.1 Leistungssteuerung für Bewegungsmoduln

Die Konzeption der Leistungssteuerung wird durch den Aufbau der Bewegungsmoduln und durch die Strukturierung der Regeleinrichtungen bestimmt. Ein Bewegungsmodul mit zwei Freiheitsgraden beinhaltet eine Antriebsbaugruppe mit zwei Motoren, die durch die in Bild 5.1 gezeigte Regeleinrichtung gesteuert werden (I). Wie in Kap. 3 beschrieben, können diese Baugruppen alternativ auch für solche Bewegungsmoduln verwendet werden, die nur einen Freiheitsgrad aufweisen. Der gerätetechnische Aufwand für die Leistungssteuerung kann aber reduziert werden, auch wenn die Antriebsbaugruppe weiterhin zwei Motoren aufweist. Zur Steuerung sind die in Bild 5.1 II und III dargestellten Möglichkeiten gegeben. Sollen die Kenndaten einer Bewegungseinheit mit einem Freiheitsgrad, bezogen auf die Maximalwerte einer solchen mit zwei Freiheitsgraden gleich bleiben (Kenndaten bei einer Bewegung in einer Bewegungsebene), dann ist das Leistungsstellglied in einer höheren Ausgangsspannung (II) oder in einem höheren Ausgangsstrom (III) anzupassen; letztere Möglichkeit stellt dabei die gerätetechnisch günstigere Lösung dar.

Untersuchungen haben gezeigt, daß Momentenschwankungen, hervorgerufen durch Toleranzen in den Wicklungsdaten der Motoren und anderen Parametern (Luftspalttoleranzen, Rundlauftoleranzen etc.) < 1% sind und bei starrer Kopplung der abtriebseitigen Mechanik aufgrund von Nachgiebigkeiten in den Lagerstellen nur eine geringe mechanische Zusatzbelastung bewirken.

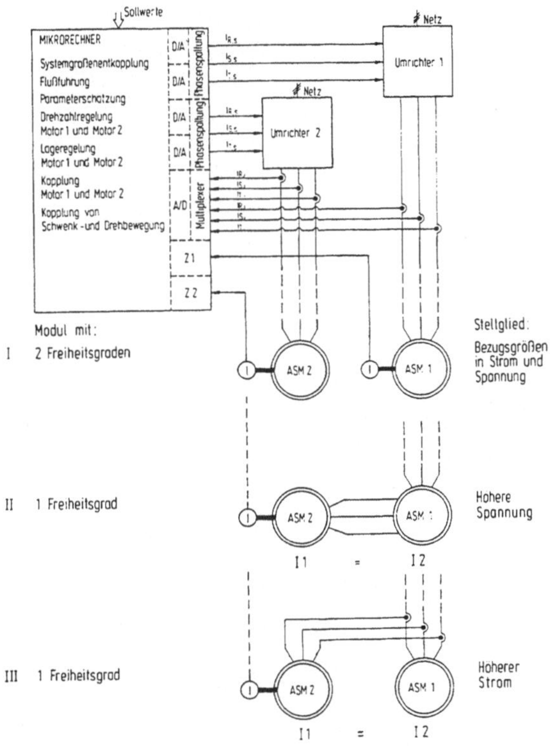

Bild 5.1: Regeleinrichtung für Bewegungsmoduln

Die genannte Methode der Leistungssteuerung, die dem modularen Gedanken optimal entspricht, kann für ein zentrales oder dezentrales Konzept verwendet werden. Dezentrale Leistungssteuerung heißt hier, daß für eine bestimmte Leistungsklasse die Leistungseletronik im Industrieroboter (Achsverbindungselement) bzw. im Bewegungsmodul allgemein integriert wird (Bild 5.2). Diese Konzeption ist abhängig vom möglichen Integrationsgrad zukünftiger elektrischer Bauelemente, deren Robustheit und der im Leistungsteil entstehenden Verlustwärme. Zukünftige Untersuchung müssen hierüber Aufschluß geben.

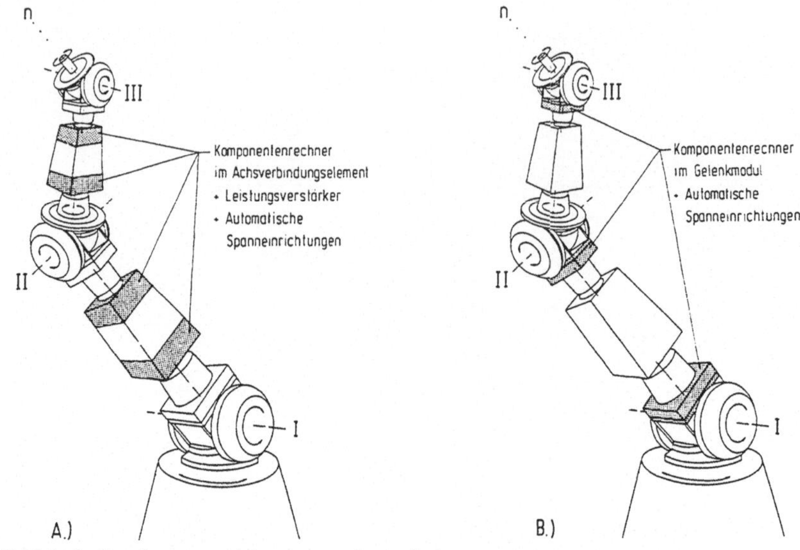

Bild 5.2: Integration von Antriebsverstärkern

5.2 Funktionssteuerung

5.2.1 Schnittstellenproblematik einer modularen Gerätetechnik

In gleichem Maße, wie der Einsatz modularer Elemente zum Aufbau beliebiger kinematischer Ketten eine angepaßte Ausbildung mechanischer Schnittstellen erfordert, werden auch besondere Anforderungen an die Gestaltung elektrischer Schnittstellen, sowohl was deren physikalische Anordnung als auch eine daraus resultierende Gliederung steuerungstechnischer Funktionen anbelangt, gestellt. Wie auch in der konventionellen Gerätetechnik werden Bewegungsmoduln über die Schnittstelle mit elektrischer Energie versorgt und die Signalleitungen mit den entsprechenden Auswerteeinheiten verknüpft. Werden Zusatzgeräte, wie Greifer, Sensoren, Werkzeuge usw., die am Modul angebracht werden können, mit berücksichtigt, dann sind für ein Bewegungsmodul mit zwei Freiheitsgraden ca. 40 mechanisch lösbare, elektrische Verbindungen erforderlich. Optoelektronische Zusatzmeßsysteme und Lasermeßsysteme wie in Kap. 3.6.3 aufgeführt, bewirken eine zusätzliche Erhöhung der Signalleitungen.

Unter dem Aspekt einer beliebigen Konfigurierbarkeit muß die elektrische Schnittstelle für die maximale Anzahl elektrischer Leitungen ausgelegt werden. Ferner muß eine Kabelführung im Roboter jederzeit gewährleistet sein, gleichgültig wo das Bewegungsmodul innerhalb einer kinematischen Kette liegt. Bisherige Ausführungen modular aufgebauter Industrieroboter haben gezeigt, daß eine konventionelle Gestaltung der elektrischen Schnittstelle einen hohen Fertigungsaufwand mit sich bringt und die Konfigurierung beliebiger kinematischer Ketten erschwert. Um den Grundgedanken des modularen Systems auch unter wirtschaftlichen Gesichtspunkten beibehalten zu können, sind deshalb neue Konzepte zur Schnittstellengestaltung und eine dieser Problematik angepaßte Steuerungsstruktur notwendig, die im weiteren erläutert werden.

5.2.2 Strukturierung zukünftiger Steuerungen für modulare Robotersysteme

Zwei Ziele prägen die Gestaltung zukünftiger Steuerungssysteme:

- Reduzierung des Verkabelungsaufwandes und
- Schaffung weitgehend autonom arbeitender, "intelligenter" Bewegungsmoduln

Ein geeigneter Schritt hierzu ist die in Kap. 5.1 erwähnte dezentrale Leistungssteuerung. Ordnet man den Leistungsteil den Bewegungsmoduln zu, dann können alle Antriebe über eine gemeinsame Zwischenkreisspannung versorgt werden. Ein solcher gerätetechnischer Aufbau ist aber nur dann sinnvoll, wenn auch die Erfassung und Verarbeitung von Sensor- und

Schaltsignalen dezentral erfolgt. Dies bedeutet die Integration eines Mikrorechners in die Moduln, der alle gelenk- bzw. bewegungsmodulbezogenen Aufgaben übernimmt wie

- Kommunikation
- Geschwindigkeitsregelung
- Lageregelung
- Kraft-/Momentenregelung
- Sensorregelung
- Führungsgrößenkorrektur bei Zusatzmeßsystemen
- Verarbeitung von Schaltsignalen (End- und Referenzschalter usw.)

Damit verringert sich einerseits der Verkabelungsaufwand erheblich, andererseits führt die gerätetechnische Verknüpfung von Steuerungskomponenten und Leistungsteil mit den Moduln zu einer extrem hohen Flexibilität in der Anwendung des modularen Systems. Die parallele Abarbeitung der Steuerungsfunktion in den einzelnen Moduln gewährleistet außerdem die Realisierung kleiner Abtastszeiten für die genannten, achsbezogenen Regelkreise.

Werden die Steuerungskomponenten in die Achsverbindungselemente integriert, dann können zwei benachbarte Bewegungsmoduln versorgt werden (vergl. Bild 5.2). Allerdings erfordert dies für das Achsverbindungselemente eine lastaufnehmende Struktur und eine davon unabhängige komponentenaufnehmende Struktur, womit aber das in seinem Aufbau einfache Element konstruktiv aufwendiger wird. Eine Zuordnung der Komponenten zum Bewegungsmodul erfordert eine hohe Integrationsdichte für die elektronischen Bauteile, es ergibt sich aber eine weit flexiblere Kompletteinheit zur Bewegungserzeugung.

Die einzelnen Bewegungsmoduln (oder Achsverbindungselemente) werden über ein leistungsfähiges, seriell arbeitendes Kommunikationssystem mit einem Steuerungskern verbunden, der Aufgaben wie

- Bedienung der Benutzerschnittstelle
- Bedienung der Kommunikationsschnittstelle
- Programmierung
- Bewegungserzeugung
  . Interpolation
  . Transformation
- Bahnregelung
- Synchronisation
- Kollisionsüberwachung etc.

übernehmen kann. Die in Kap. 2.1.1 erwähnten Mehrprozessor-Steuerungssysteme können bedingt durch ihre Struktur und aufgrund einer Aufgabenverteilung, wie sie hier angeführt wurde, auch als dezentrale Steuerungssysteme bezeichnet werden; der wesentliche Unterschied und Vorteil des hier

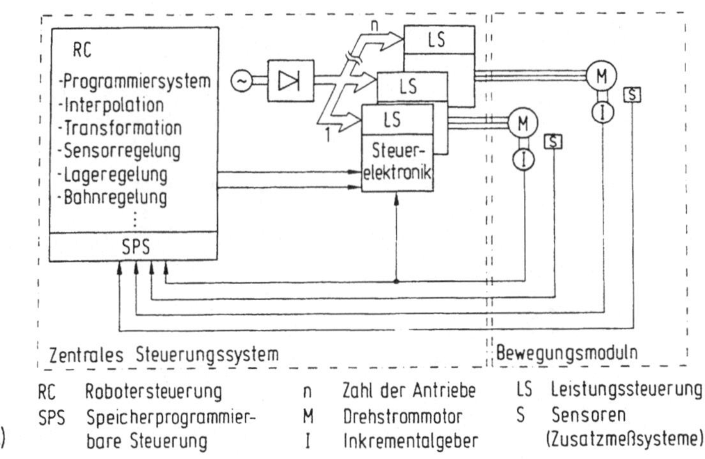

Bild 5.3: Gerätetechnisch orientierte Steuerungsstruktur für ein modulares System

b.)

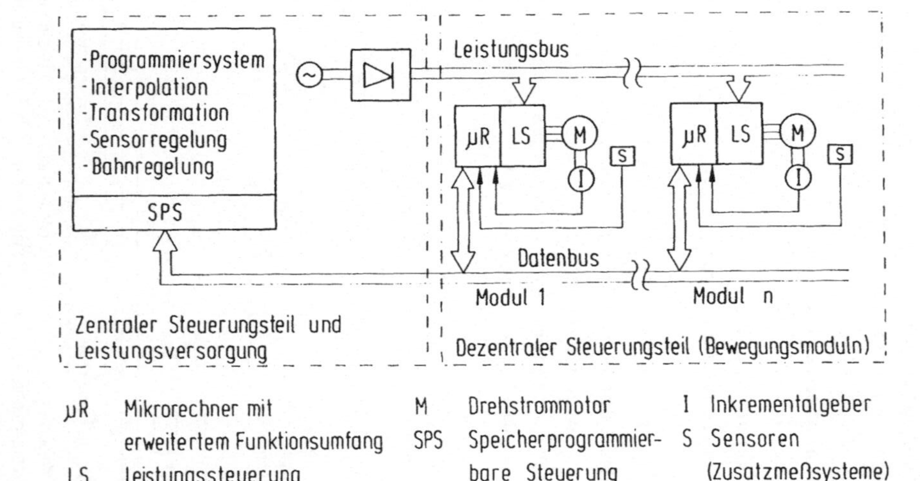

Bild 5.3: Gerätetechnisch orientierte Steuerungsstruktur für ein modulares System

dargestellten Konzeptes liegt in einem auch örtlich dezentralen Aufbau. Die gerätetechnisch orientierte Steuerungsstruktur ist in Bild 5.3 dargestellt.

Die funktionsmäßige Strukturierung einer solchen Steuerung gilt es in weiterführenden Arbeiten zu klären. Dabei ist es von besonderer Bedeutung, in welchem Umfang nicht ausschließlich achsspezifische Funktionen dezentral ausgeführt werden können. Beispielhaft hierfür sind Funktionen und Algorithmen zur Führungsgrößenkorrektur bei der Kompensation von Verformungen (vergl. Kap. 3.6.3), wenn kinematische Kopplungen mit weiteren Bewegungsmoduln vorliegen. In diesem Zusammenhang und aufgrund hoher Echtzeitanforderungen an die Datenübertragung zwischen den Bewegungsmoduln und dem zentralen Steuerungskern ist auch zu klären, welche funktionellen und topologischen Varianten für ein serielles Bussystem geeignet sind.

Erste Untersuchungen hierzu wurden mit einem Bitbus-System durchgeführt. Das Bitbus-System arbeitet nach einem Master-Slave-Prinzip, d.h. der Buszugriff wird zentral verwaltet /13/. Die Teilnehmer werden über ein serielles Bussystem verbunden, dessen maximale Bruttoübertragungsrate 2.4 MBaud beträgt. Für einen 6achsigen Roboter sind als maximaler Umfang folgende Daten zugrunde zu legen:

- Lagesollwerte	3 Byte
- Lageistwerte	3 Byte
- Zusatzmeßsysteme	3 Byte
- Diagnose	1 Byte
- Betriebszustände	1 Byte
- Schaltfunktionen	1 Byte
	12 Byte/Achse

Für eine Bitbus-Nachricht sind noch zusätzlich 6+5 Byte für

Protokollrahmen und Nachrichtenkopf zu berücksichtigen, so daß sich bei einer Abtastzeit von 2ms eine Datenrate von 522 kBaud ergibt. Die Erstellung und Überprüfung des Bitbus-Protokolls erforderte jedoch einen zusätzlichen, erheblichen Rechenaufwand, so daß die mögliche Nettoübertragungsrate den oben genannten Anforderungen nicht genügt bzw. Abtastraten von ca. 14 ms erreicht werden.

Die angeführte Datenrate für einen sechsachsigen Industrieroboter erhöht sich, wenn der Komponentenrechner nur zur Datenaufbereitung und -übertragung eingesetzt wird, alle Steuerungs- und Regelfunktionen jedoch zentral durchgeführt werden und auch die Leistungsstellglieder der Bewegungsmoduln zentral angeordnet sind (Bild 5.3a). Komponentenrechner und Bussystem ermöglichen nur eine Verringung des Verkabelungsaufwandes. Sie verringert sich aber bei einer Geräteanordnung nach Bild 5.3b, wenn nur Lagesollwerte und Daten der Zusatzmeßsysteme mit einer hohen Abtastrate übertragen werden, und die übrigen Daten, die in diesem Fall nur der Kontrolle und Anzeige dienen, mit einer niedrigen Abtastrate abgerufen werden. Taktzeiten von 10ms zur Führungsgrößenübergabe sind möglich, womit der Bitbus durchschnittlichen Anforderungen genügt. Es wird damit aber auch deutlich, daß jegliche Protokollverwaltung und die damit verbundene Nettoübertragungsleistung für die Auswahl zukünftiger Bussysteme besondere Bedeutung haben.

6 Anwendungsorientierte Auswahl und Aufbau modularer Industrieroboter

6.1 Anwendungsorientierte Auswahl

Die Erarbeitung von Auswahl- und Optimierstrategien zur Generierung beliebiger kinematischer Strukturen, bestehend aus den dargestellten Bewegungsmoduln und Achsverbindungselementen, ist zur optimalen Nutzung des modularen Systems unerläßlich, kann aber nicht mehr Zielsetzung dieser Arbeit sein; umfangreiche Untersuchungen sind hierzu noch erforderlich. Es soll aber aufgezeigt werden, welche Parameter in zukünftigen Auswahlprogrammen aufgrund der erarbeiteten, gerätetechnischen Gestaltung einen Einfluß haben bzw. berücksichtigt werden müssen und welche Vorteile daraus gegenüber bisherigen Auswahlverfahren für Industrieroboter resultieren.

Legt man bisher bekannte Auswahlkriterien für Industrieroboter zugrunde, dann ist ein Auswahlprogramm denkbar, das nach einem in Bild 6.1 dargestellten Planungsablauf arbeitet. Für einen derartigen Ablauf sind folgende Vorgaben vorausgesetzt:

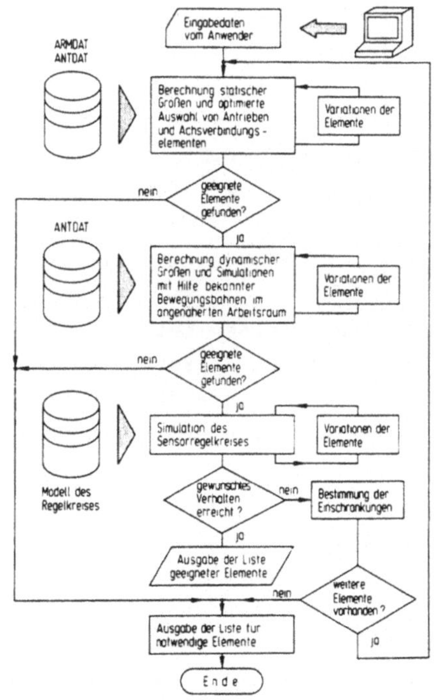

Bild 6.1: Planungsablaufdiagramm zur Auslegung von Industrierobotern

- Der kinematische Aufbau des Industrieroboters ist bekannt
- Der vom Industrieroboter zu überstreichende Arbeitsraum liegt in Form und Größe vor (Bahnen im Arbeitsraum)
- Prozeßanforderungen wie Nutzlasten, Störkräfte und -momente, Bahngeschwindigkeiten, zulässige Bahnfehler und Positionabweichungen etc. sind bekannt

Als Grundlage zur Berechnung statischer und dynamischer Eigenschaften eines aufzubauenden Industrieroboters können dann bereits entwickelte, in zahlreichen Veröffentlichungen abgehandelte Berechnungs- und Simulationssysteme Anwendung finden /26, 27, 93, 94, 95/. Diese bestehenden Systeme gilt es aber in einer geeigneten Weise zu ergänzen bzw.zu erweitern, da sich die Auslegung für eine modulare Gerätetechnik gegenüber der bisherigen Auslegung in einigen wesentlichen Aspekten unterscheidet:

- Die aufwendige Ermittlung von Kenndaten für Antriebselemente und die Bestimmung der Eigenschaften unterschiedlich gestalteter Baugruppen in der bisherigen Weise und Vielfalt entfällt.
- Die Anzahl freier Parameter zur Geräteoptimierung erhöht sich.
- Die Optimierung kinematischer Ketten kann unter dem Gesichtspunkt der alleinigen Anpassung und Auswahl mechanischer Komponenten an die vorgegebenen Anforderungen erfolgen oder in einem iterativen Prozeß durch die Verknüpfung einer solchen Optimierung mit den steuer- und regelungstechnischen Möglichkeiten, die das modulare System über die Zusatzmeßsysteme bietet.

Bewegungsmoduln und Achsverbindungselemente müssen hierzu in einer ausreichenden Baureihe vorliegen und mit ihren Eigenschaften und Kenndaten in einer Datei geführt werden. Diese Dateien bilden die Grundlage eines Auswahlprogramms. Die dort abgelegten Daten, auf die im Verlauf der Geäteauslegung

zurückgegriffen wird, sind teilweise nur einmalig pro Modul meßtechnisch zu erfassen, wenn ihre Schwankungsbreite als gering und ohne Einfluß betrachtet werden kann, zum Teil sind sie aber für jedes Modul wiederholt zu ermitteln, wenn ihre Kenntnis wesentlich dazu beitragen kann, Geräteeigenschaften zu verbessern.
Eine aufwendige Herstellung von Industrierobotern als ganzes oder als Teilkomponenten im Form von Prototypen, die Bestimmung von deren Eigenschaften und Kenndaten und eine sich häufig daran anschließende Modifizierung einer Konstruktion kann damit entfallen.

6.1.1 Auswahl nach statischen Gesichtspunkten

In eine Roboterauswahl nach statischen Gesichtspunkten müssen folgende Dimensionierungskriterien mit eingeschlossen werden

- Arbeitsraum
- zulässige Nutzlast
- Verformung unter statischer Belastung
- Positioniergenauigkeit bedingt durch kinematische Fehler, sowie Winkelübertragungsfehler und Nullage-Fehler der Bewegungsmoduln

Die Modulparameter, die hierbei eine Variation erlauben sind nach Bild 6.2 für Achsverbindungselemente:

- Länge l_A
- Streckenlast q_A
- Biegesteifigkeit EI_x
- Biegesteifigkeit EI_z
- Torsionssteifigkeit GI_p
- Orientierung der Adapter δ_A
- Lage und Orientierungsabweichung von Adapter 1 zu Adapter 2

Für die Bewegungsmoduln lauten die Parameter beispielhaft für ein Dreh-/Schwenkmodul (Bild 6.3):

- Masse (als Punktmasse)
- Adapterabstand r_1
- Adapterabstand r_2
- Schwenkbereich φ_S
- Drehbereich φ_D
- Getriebesteifigkeit c_G
- Lagersteifigkeit c_L
- Nenndrehzahl $\dot{\alpha}_{M,N}$
- Maximaldrehzahl $\dot{\alpha}_{M,max}$
- Nennmoment M_N
- Kegelradübersetzung i_K
- Drehwinkelabweichung $\Delta\varphi_D{}^* = \Delta\varphi_D{}^*(\varphi_S)$
- Drehwinkelabweichung $\Delta\varphi_S{}^* = \Delta\varphi_S{}^*(\varphi_D)$
- Abweichungen von Adapter 1 in Lage und Orientierung
- Abweichung von Adapter 2 in Lage und Orientierung
- Abweichungen der Drehachse
- Nullage-Abweichungen
- Hysterese

Die kinematischen Parameter wie Längen, Adapterabstände, Lage- und Orientierungsabweichungen der Adapter, Drehwinkelabweichungen, Drehachsenabweichungen und Nullageabweichungen sind aufgrund ihrer starken Abhängigkeit von der Fertigung- und Montagequalität und ihrer Auswirkungen auf die Bahn- und Positioniergenauigkeit einer kinematischen Struktur für jedes Modul zu ermitteln und der modulspezifischen Datei zuzuordnen.

Hier liegt nun ein wesentlicher Unterschied zu einer Roboterauslegung und Parameterermittlung bei Komplettgeräten.

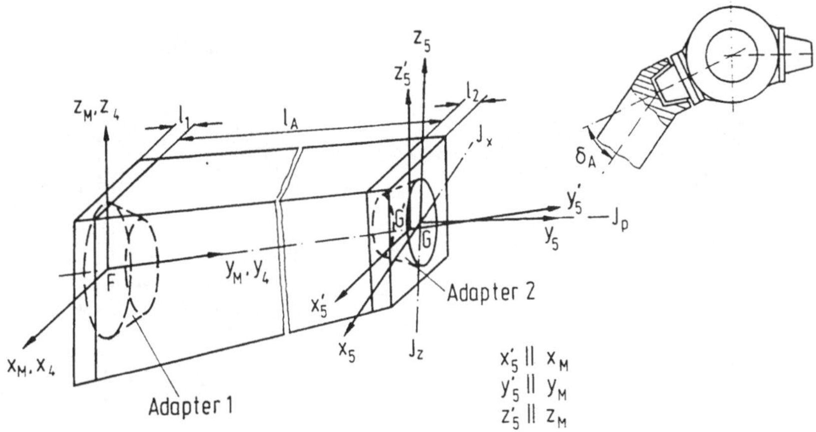

Bild 6.2: Fehler und Parametrierung von Achsverbindungselementen

Die kinematische Modellierung dieser Geräte ist aufwendig und der gerätetechnische Aufwand für die Parameterermittlung sehr hoch und kostenintensiv /96/. Für die Moduln kann diese über die Adapter als mechanische Schnittstelle relativ einfach und schnell mit Hilfe spezieller Meßvorrichtungen oder 3D-Meßmaschinen erfolgen /97/. Korrekturmatrizen, die sowohl bei der Koordinaten-Vorwärtstransformation zur Berechung von Abweichungen aufgrund kinematischer Fehler oder statischen Verformungen im kartesischen Raum, als auch bei der Koordinaten-Rückwärtstransformation zur Lagekorrektur über die Achslagen verwendet werden /98/, können unmittelbar erstellt werden. Für die Praxis bedeutet dies, daß eine kinematische Struktur aus solchen Moduln zusammengesetzt werden kann, die aufgrund der Fehlergrößen den statischen Anforderungen genügt, daß aber auch im Störfall oder bei einem gezielten Modultausch (z.B. Roboterarmverlängerung) solche Moduln ausgewählt werden können, die eine Positioniergenauigkeit innerhalb der zulässigen Toleranzen gewährleisten.

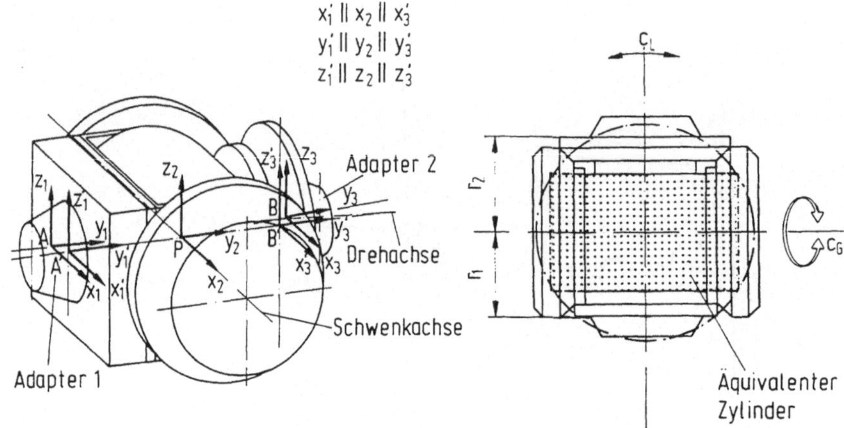

Bild 6.3: Fehler und Parametrierung eines Dreh-/Schwenkmoduls

Eine Rückwirkung dieser Möglichkeiten auf eine dem modularen Gedanken angepaßte Steuerungsstruktur wird hier deutlich: Eine örtlich dezentrale Steuerungsstruktur unterstützt dieses Verfahren zur Positioniergenauigkeitserhöhung und erhöht die Flexibilität in der Modulanwendung, indem die modulsignifikanten Korrekturgrößen im integrierten Achsrechner gespeichert sind und dort zur Korrektur auf Achsebene oder im kartesischen Raum abgerufen werden können. Im Rahmen der statischen Auslegung ist bei der vorliegenden Konzeption der Moduln gegenüber bisherigen Ausgangsverfahren zu berücksichtigen, daß neben der Verbesserung der verformungsbedingten Positioniergenauigkeit durch Auswahl einer steiferen Mechanik oder durch gesteuerte Kompensation der Verformung auch eine Versteifung durch regelungstechnische Maßnahmen in Verbindung mit den in Kap. 3.6.3 aufgeführten Zusatzmeßsystemen einfach und kostengünstig möglich wird. Ein zukünftiges Auslegungsprogramm muß berücksichtigen, welches Verfahren zur Optimierung einer kinematischen Struktur sinnvoll einzusetzen ist, insbesondere auch unter Aspekten der Wirtschaftlichkeit.

6.1.2 Auswahl nach dynamischen Gesichtspunkten

Für eine Reihe von Handhabungsaufgaben ist die Auslegung nach den erwähnten statischen Gesichtspunkten ausreichend. Kleine Taktzeiten bei der Montage sowie hohe Bahngenauigkeiten bei der Bearbeitung mit Robotern erfordern eine Dimensionierung nach dynamischen Gesichtspunkten, wie Beschleunigungsvermögen, Schwingungsverhalten, dynamischen Bahnabweichungen etc. Geht man davon aus, daß eine kinematische Struktur vorliegt, die die Auswahlkritieren nach dem in Kap. 6.1.1 gesagten erfüllt, dann kann eine Untersuchung nach den erwähnten, bekannten Berechnungsmethoden erfolgen. Für eine vereinfachte, dynamische Berechnung können die Bewegungsmoduln aufgrund ihrer kompakten Bauweise durch einen äquivalenten zylindrischen Vollkörper beschrieben werden und demnach äquivalente Hauptträgheitsmomente eingeführt werden. Damit ergeben sich für die Dateien folgende ergänzende Parameter:

- Maximaldrehzahl $\dot{\alpha}_{M,max}$
- Maximale Beschleunigungsmomente $M_{B,max}$
- Maximalbelastungen an den Adaptern F_X, F_Y, F_Z, M_X, M_y, M_Z
- Äquivalente Hauptträgheitsmomente I_X, I_Y, I_Z

Die Bewegungsmoduln sind dabei so konzipiert, daß eine zulässige Maximalbelastung ungefähr der 3-fachen Nennbelastung entspricht. Zur Optimierung ist ebenfalls der Einsatz von Zusatzmeßsystemen zu berücksichtigen. Um aber alle Freiheitsgrade, die ein modulares Robotersystem bietet, nutzen zu können, müssen zukünftige Strategien zum Einsatz beliebiger kinematischen Ketten untersucht und für ein Auslegungsprogramm bereitgestellt werden.

6.2 Aufbau modularer Industrieroboter

Um die Effizienz des modularen Systems herausstellen zu

können, gilt es zu zeigen, in welcher Weise Industrieroboter unter Verwendung der Moduln aufgebaut werden können. Zunächst soll dies anhand der Darstellungen nach Bild 6.4 und Bild 6.5 erfolgen, die belegen, daß 88% der nach Roboterkatalog /54/ angebotenen Roboterkinematiken mit den Moduln nachgebildet werden können. Besonders ist hier zu beachten, daß auch Sonderkinematiken, wie der in Bild 6.5 aufgeführte kardanisch gelagerte Industrieroboter sie bildet, aus einem Dreh-/Schwenkmodul und einem speziellen Achsverbindungselement abgeleitet werden kann. Auch das dort ergänzend aufgeführte Bewegungsmodul für Linear-/Schwenkbewegungen ist aus dem Dreh-/Schwenkmodul abgeleitet, wobei die Drehbewegung über ein Winkelgetriebe in eine Drehbewegung einer Kugelumlaufmutter (Bild 6.6) und damit in eine Linearbewegung umgesetzt werden kann (feststehende Spindel). Auch ein Zahnstangen/Ritzel-Antrieb ist an dieser Stelle anwendbar (vergl. Bild 6.7). Abschließend sollen noch einige gerätetechnische Realisierungen aus den dargestellten Moduln die Einsatzmöglichkeiten belegen.

Ein 5achsiger Industrieroboter zur Beschickung von Drehmaschinen mit einem Grundachsenaufbau nach Bild 6.6 ist in Bild 6.7 dargestellt. Bild 6.8 zeigt einen Gelenkroboter in einer 6achsigen Ausführung. Das 6achsige Geräte ist für Bearbeitungsaufgaben bestimmt (niederste mechanische Eigenfrequenz ≈ 18 Hz) und der Aufgabe entsprechend einem kleinen Arbeitsraum angepaßt (kleine Armlängen). Weitere Anwendungen des modularen Systems für 7achsige Lackierroboter und für Schleifbearbeitungen sind in /99/ aufgeführt. Abschließend sei noch die Gestaltung von modularen Mehrrobotersystemen erwähnt, wie sie derzeit in Rahmen von Forschungsarbeiten zur Erhöhung der Flexibilität in Montagesystemen untersucht und eingesetzt werden /41/. Die Grundachsen wirken hier alternativ als Linear-/Schwenkmodul (vgl. Bild 6.5) oder als Dreh-/Schwenkmodul zur Arbeitsraumerweiterung und -anpassung.

Symbole	Kinematische Anordnung der Moduln	Beispielhaftes Komplettgerät	P*
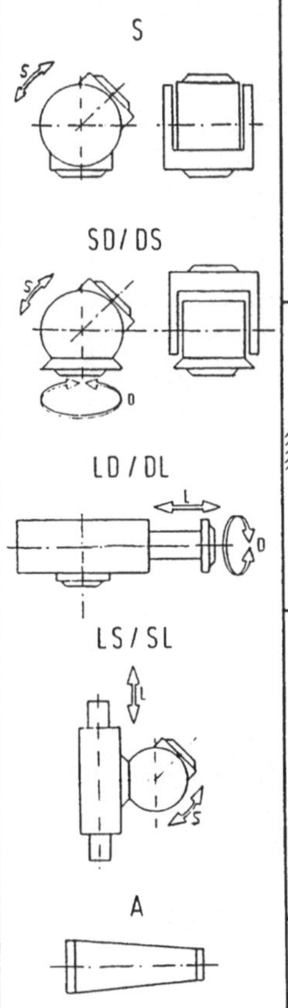 S SD/DS LD/DL LS/SL A S Schwenken D Drehen L Linear A Achsverbindungs-element	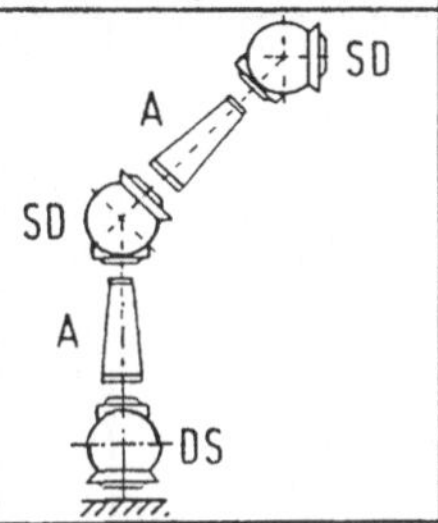 SD A SD A DS	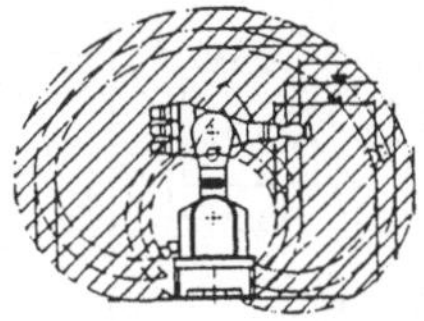	≈38%
	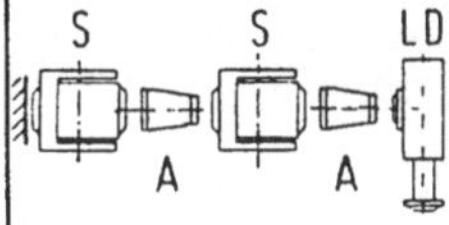 S S LD A A	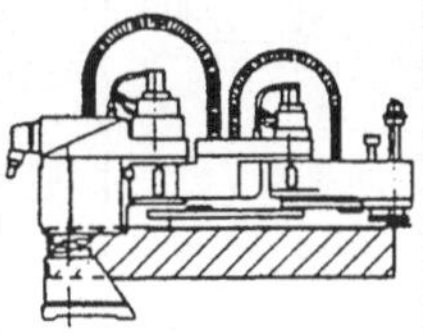	≈15%
	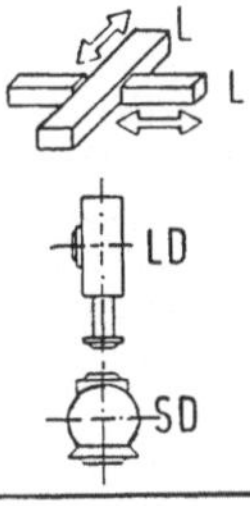 L L LD SD	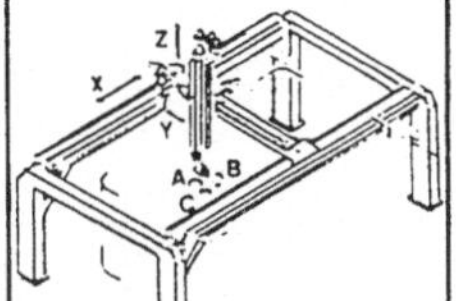 z x Y A B C	≈17%
	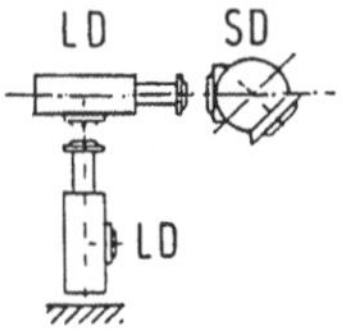 LD SD LD	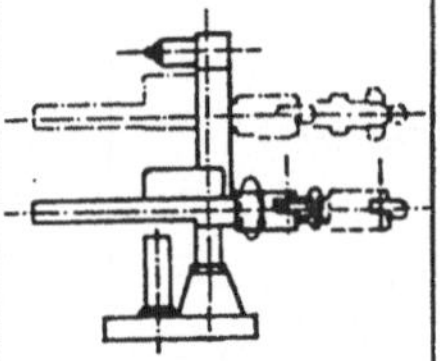	≈11%

* Prozentuale Häufigkeit der Roboterkinematik

Bild 6.4: Konfigurierbarkeit von modularen Industrierobotern im Vergleich mit Komplettgeräten (I)

Symbole	Kinematische Anordnung der Moduln	Beispielhaftes Komplettgerät	P*
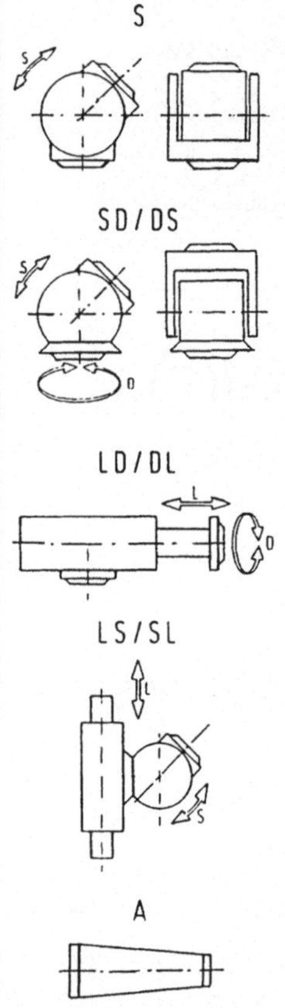 S SD / DS LD / DL LS / SL A S Schwenken D Drehen L Linear A Achsverbindungs-element	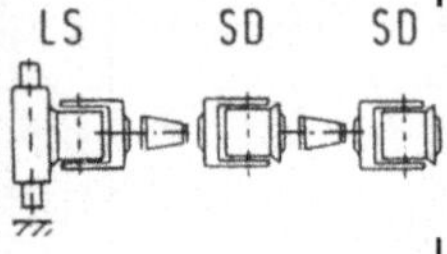 LS SD SD	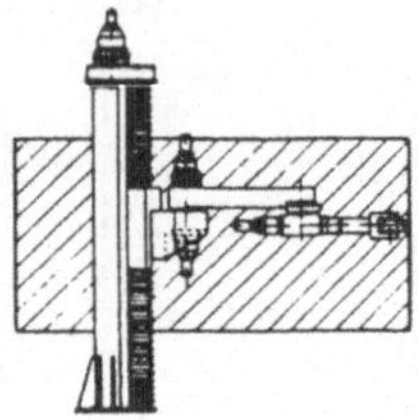	≈3%
	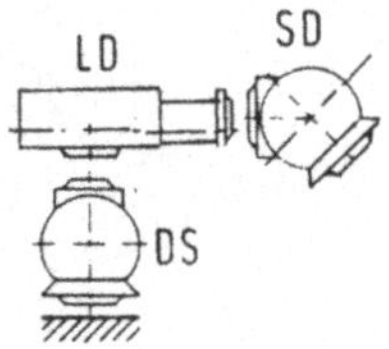 LD SD DS	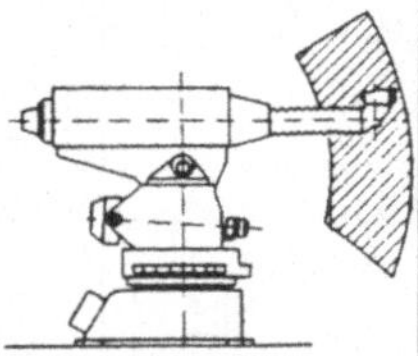	≈4%
	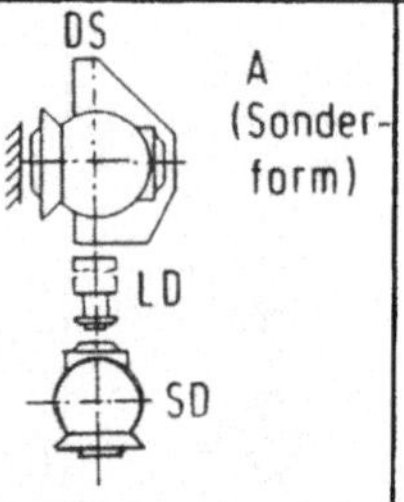 DS A (Sonder-form) LD SD	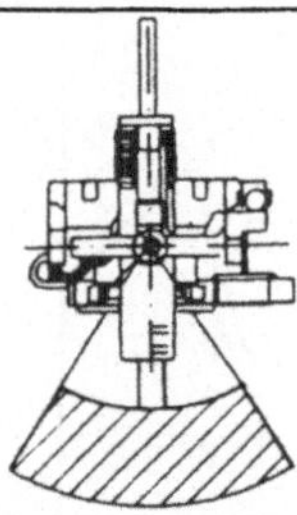	≈0,5%
	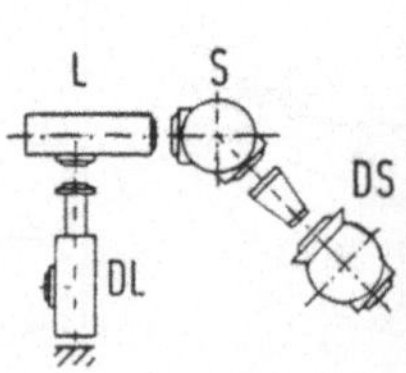 L S DS DL	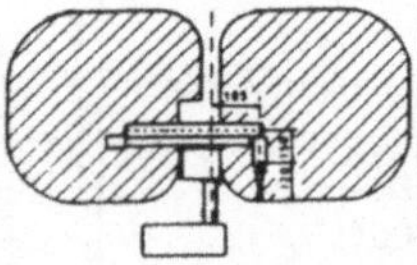	≈0,5%

* Prozentuale Häufigkeit der Roboterkinematik

Bild 6.5: Konfigurierbarkeit von modularen Industrierobotern im Vergleich mit Komplettgeräten (II)

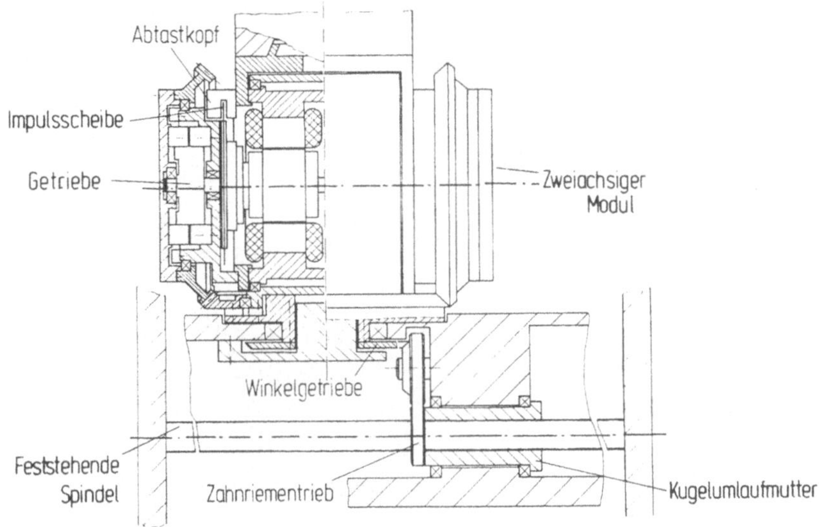

Bild 6.6: Linear-/Schwenkmodul

Die kinematische Kette besteht aus 3 Bewegungsmoduln in der Anordnung LS, S, SD (Nutzlast: 20kg)

Bild 6.7: Industrieroboter zur Maschinenbeschickung

Bild 6.8: 6achsiger Gelenkroboter für Bearbeitungsaufgaben

S Schwenken
D Drehen
L Linear
Nennlast : 100 N

Kinematische Kette für ein Gerät:
L-D-S-D-S-S-D
Anzahl der Bewegungsmoduln : 3

Bild 6.9: Modulares Mehrroboter-System

7 Zusammmenfassung und Ausblick

Ausgangspunkt für die Konzeption eines modularen Robotersystems war die Erkenntnis, daß es unter dem Aspekt der Wirtschaftlichkeit kaum möglich ist, Industrieroboter so zu gestalten, daß sie der Vielzahl unterschiedlicher Aufgaben entsprechend optimal angepaßt werden können. Bisherige Bemühungen, die Flexibilität von Robotersystemen zu erhöhen, richten sich schwerpunktsmäßig in der Gerätetechnik vornehmlich auf die Entwicklung linearer Bewegungsmoduln. Ein Robotersystem umfaßt jedoch mehrere Funktionsgruppen und nicht nur die Gerätetechnik, so daß nur solche modularen Robotersysteme erfolgversprechend sind, in deren Konzeption sich möglichst alle diese Funktionsgruppen widerspiegeln. Aus diesem Grund wurde ausgehend vom Stand der Technik zunächst aufgezeigt, welche Probleme eine modulare Roboter-Gerätetechnik in steuerungstechnischer Hinsicht mit sich bringt und welche Anforderungen zukünftige Steuerungen im Rahmen eines modularen Robotersystems erfüllen müssen.

Eine Aufgabenanalyse aus dem Montagebereich und aus dem Gebiet der Bearbeitung mit Industrierobotern zeigte dann, daß die zentrale Aufgabe bei der Schaffung flexibler Robotersysteme darin besteht, geeignete Bewegungsmoduln zu finden, mit deren Hilfe möglichst viele der bekannten kinematischen Strukturen nachzubilden sind. Es ist gelungen, eine einheitliche Konzeption für Bewegungsmoduln aufzuzeigen, auf Grund derer es möglich wird, bei einer Minimierung der Baugruppenvielfalt ein- und zweiachsige Bewegungsmoduln zur Durchführung translatorischer und rotatorischer Bewegungen aufzubauen. Die Bewegungsmoduln wurden so konzipiert, daß ihr Einsatz nicht nur auf den Aufbau gängiger Industrieroboterkinematiken beschränkt sein muß, sondern daß sie im gesamten Bereich der Produktionstechnik als Bewegungseinheit Verwendung finden können. Dies bezieht sich in besonderem Maße auf das Dreh-/Schwenkmodul, das beispielsweise für numerisch gesteuerte Schweißtische, als Kamera- und Antennenführungssystem und als Lenkantrieb für autonome Flurförderfahrzeuge eingesetzt werden kann. Weiterhin ist die Konzeption der Bewegungsmoduln so gewählt, daß zwar bestimmte Forderungen an ihre Teilkomponenten wie Getriebe, Meßsysteme und Motoren erfüllt werden müssen, Weiterentwicklungen auf diesem Gebiet das Gesamtkonzept aber nicht beeinflussen.

Es hat sich herausgestellt, daß die Schaffung von Bewegungsmoduln in der beschriebenen Form auch zu Achsverbindungselementen (Roboterarmen) führt, die einen bisher nicht gekannten einfachen, geometrischen Aufbau aufweisen. Dies wirkt sich bei der konstruktiven Gestaltung beliebiger, kinematischer Strukturen positiv aus, aber auch bei der Berechnung der Eigenschaften dieser Elemente. Die Bauweise begünstigt aber auch die Integration von neuartigen Laser-Meßsystemen, so daß eine Verbesserung der Eigenschaften modularer Strukturen durch Zusatzmeßsysteme wirtschaftlich erreicht werden kann.

Bisherige Anwendungen der Bewegungsmoduln zum Aufbau modularer Industrieroboter haben gezeigt, daß die Leitungsführung zur Leistungs- und Steuersignalübertragung durchaus problematisch werden kann. Dies zeigt aber, daß das vorgegebene Konzept zur modulnahen Signalverarbeitung und die sich daran anschließende Erweiterung zur dezentralen, modulnahen Steuerung der richtige Schritt zur flexiblen Handhabung der Bewegungsmoduln darstellt.

Die im abschließenden Kapitel dargestellten Vorteile des modularen Konzeptes bei der Auswahl von Industrierobotern belegen die Durchgängigkeit des Gesamtkonzeptes. Hier ist jedoch zu erwähnen, daß sich zukünftige Arbeiten mit einem Gesamtkonzept zur Auslegung modularer Industrieroboter beschäftigen müssen. Bei den zu schaffenden Auslegungsmethoden müssen sowohl verteilte kinematische Strukturen als auch modulare Mehrrobotersysteme berücksicht werden. Auch Verknüpfungen zur Planungsebene für Produktionsanlagen im Sinne eines Störmanagements müssen hiermit verbunden sein.

Abschließend ist festzustellen, daß sowohl die erfolgreichen Anwendungen von Moduln zum Aufbau spezieller, aufgabenbezogener Industrieroboter, als auch die Übernahme der hier vorgestellten Konzeption für modulare Robotersysteme durch andere Forschungsstätten /100/ deren Brauchbarkeit zur Erhöhung der Flexibilität belegen.

Schrifttum

/1/ Eversheim, W., König, W., Weck, M., Pfeifer, T. — Produktionstechnik: Auf dem Weg zu integrierten Systemen. Aachener Werkzeugmaschinen-Kollquium 1987. Herausgeber: VDI-Verlag.

/2/ Severin, F. — Planung der Flexibilität von roboterintegrierten Bearbeitungs- und Montagezellen. München, Wien: Hanser 1987.

/3/ Pritschow, G., Wurst, K.-H. — Sensorgeführtes Schleifen von Oberflächen mit Industrierobotern. In: Sensordatenverarbeitung in der Fertigungstechnik. München, Wien: Hanser 1987.

/4/ Jacobi, W. — Industrieroboter - schon ausreichend flexibel für den Anwender? Fertigungstechnisches Kolloquium 85 Berlin, Heidelberg, New York, Tokyo: Springer 1985.

/5/ Gruhler, G. — Sensorgeführte Programmierung bahngesteuerter Industrieroboter. Berlin, Heidelberg, New York, Tokyo: Springer 1987.

/6/ Swazina, K. — Sensordatenverarbeitung für bahngesteuerte Handhabungsautomaten. München, Wien: Hanser 1983.

/7/ Wurst, K.-H., Bauder, M. — Steuerungsstrukturen und Informationsaustausch für verkettete Industrieroboter. wt-Z.ind.Fertig. 76 (1986) S.15..18

/8/	Holtz, K. Walker, B.	Generator für Funktionssoftware von numerischen Steuerungen. HGF-Kurzberichte 84/28 (Lose-Blatt-sammlung) Essen: Girardet Verlag 1984.
/9/	Stute, G. Wurst, K.-H.	The Task of Grinding of Casting Surfaces with Industrial Robots. Proc. of 23rd MTDR-Conference Manchester 1982.
/10/	Wurst, K.-H.	Oberflächenschleifen mit Hilfe von Industrierobotern. wt-Z.ind.Fertig. 72 (1982) Nr. 12 S. 693...696.
/11/	Spur, G. Dlabka, M. Wendt, W.	Verfahren zur Kraft- und Positionssteuerung bei Industrierobotern. In: Sensordatenverarbeitung in der Fertigungstechnik München, Wien: Hanser 1987.
/12/	Rojek, P. Olomski, J. Leonard, W.	Schnelle Koordinatentransformtion und Führungsgrößenerzeugung für bahngesteuerte Industrieroboter. Robotersysteme 2 (1986) S. 73...81.
/13/	Naunin, D. Cevik, K. Reuss, H.-C.	Intelligente digitale Regelung von Roboterantrieben ohne konventionelle Wandler. In: Steuerung und Regelung von Robotern. VDI-Berichte 598. Düsseldorf: VDI 1986.

/14/ Bauder, M. Schumacher, H. — Schnelle, allgemeine Koordinatentransformation. In: Die Lageregelung an numerisch gesteuerten Maschinen. Umdruck zum Seminar. Stuttgart: ISW-Selbstverlag 1987.

/15/ Ersü, E. — Über die Problematik der universellen Koordinatentransformation - Numerische Lösungsmöglichkeiten. In: Steuerung und Regelung von Robotern. VDI-Berichte 598 Düsseldorf: VDI 1986

/16/ Wang, Kesheng Lien, Terje — The Structure Design and Kinematics of Robot Manipulator. In: Proceedings of the International Conference of the Robotics. 24.-27.8.1987 Dubrovnik, Jugoslavia.

/17/ Schraft, R.D. Wanner, M.C. — Mobiler Großroboter Schrift zur Präsentation am 22.2.89 IPA, Stuttgart

/18/ N.N. — Branche im Portrait. VDI-Nachrichten Nr. 13, April 1988.

/19/ Pritschow, G. Wurst, K.-H. — Aufbau von Industrierobotern mit modularen Antriebselementen. Robotersysteme 2 (1986) S. 105...109

/20/ Wurst, K.-H. — Modulare Industrieroboter. Technica 37 (1988) Heft 5, S. 15..18 Industrie-Verlag Zürich.

/21/ Wurst, K.-H. The Grinding of Surfaces with Industrial Robots. In: Proceedings of the 9th Annual British Robot Association Conference. Stratford upon Avon 1986

/22/ Autorenkollektiv Flexible, automatisierte Montage. In: Produktionstechnik. Auf dem Weg zu integrierten Systemen. S. 247...299. Düsseldorf: VDI-Verlag 1987

/23/ Tichelmann, Y. Materialflußbausteine automatisieren die Fertigung. Industrieanzeiger 106 (1984) Nr. 83 S. 31...35.

/24/ Kalde, M. Haussmann, A. Flexibilität von Handhabungseinrichtungen in der automatisierten Montage. HGF-Kurzberichte (Lose-Blatt-Sammlung) 86/7 Essen: Girardet-Verlag 1986.

/25/ Schmidt-Streier, U. Methode zur rechnerunterstützten Einsatzplanung von programmierbaren Handhabungsgeräten. Berlin, Heidelberg, New York, Tokyo: Springer 1982.

/26/ Milberg, J. Robotereinsatz in der flexiblen Montage: Optimierung der Montagetechnik durch rechnergestützte Simulations- und Planungssysteme. 4. Europäische Kongressmesse für technische Automatisierung 12.-15.5.87, Tagungsunterlagen 02.6.01-2.6.15

/27/ Wanner, M.-C. Rechnerunterstützte Verfahren zur Auslegung der Mechanik von Industrierobotern. IPA/IAO Forschung und Praxis Band 130, Berlin, Heidelberg, New York, Tokyo: Springer 1988

/28/ Furgac, I. Aufgabenbezogene Auslegung von Robotersystemen. München, Wien: Hanser 1984.

/29/ Engel, G. Konzipierung und Auslegung modular aufgebauten Handhabungssysteme Fortschritt-Berichte VDI-Z, Reihe 1, Band 69.

/30/ N.N. Roboter im Modulkonzept. Zeitschrift "Roboter" 6 (1987) S. 62...64.

/31/ N.N. Modulare Industrieroboter zum Palettieren und Kommissionieren. wt-Z.ind.Fert. 74 (1984) S. 514...515.

/32/ Knoske, D. Gosch, H.L. Flexible Roboter in Modulbauweise. ZwF 80 (1985) 12, S. 531...533.

/33/ Beske, P. — Entwicklung und Einsatz von Industrierobotern aus der Sicht eines Automobilherstellers. 4. Europäische Kongressmesse für technische Automatisierung. 12.5.-15.5.87 Tagungsunterlagen 03.2.01 - 03.2.19.

/34/ Drexel, P. — Modulare Systeme zur Handhabungstechnik. Fertigungstechnisches Kolloquium. FTK'88, S. 169...174. Berlin, Heidelberg, New York, Tokyo: Springer 1988.

/35/ Eversheim, W., Klingler, O. u.a. — Entwicklung eines Handhabungsbaukastens für die automatisierte oder teilautomatisierte Montage von Maschinenbauprodukten. Forschungsbericht KfK-PFT 124 (1986).

/36/ N.N. — Standard-Greifer für Handhabungsgeräte. wt-Z.ind.Fertig. 74 (1984) 9, S. 511.

/37/ Spur, G., Seliger, G., Furgac, I., Diep, T.V. — Sensorunterstütztes Montagesystem. Robotersysteme 2 (1986) S. 3...8.

/38/ Hoos, G. — Zusatzachsen - mehr Flexibilität für Robotersysteme. Robotersysteme 5 (1989), S. 65...68.

/39/ Wurst, K.-H. Elektrischer Kompaktantrieb für Dreh-/Schwenkbewegungen. wt-Z.ind.Fert. 75 (1985) 12, S. 708...710.

/40/ N.N. Studie zur Untersuchung der Einsatzmöglichkeiten von flexiblen automatisierten Montagesystemen in der industriellen Produktion. BMFT-Förderprogramm "Humanisierung des Arbeitslebens" Abschlußbericht IPA-Stuttgart 1983.

/41/ Wurst, K.-H. Modulare Roboterkomponenten für den flexiblen Einsatz in Montagesystemen In: Die Montage im flexiblen Produktionsbetrieb; Umdruck zum Kolloquium am 24. Nov. 1989 in Stuttgart.

/42/ Abele, E Gußputzen mit senorgeführten, programmierbaren Handhabungsgeräten. Berlin, Heidelberg, New York, Tokyo: Springer 1983

/43/ Sturz, W. Werkstückorientierte Verfahrensauswahl zum Gußputzen mit Industrierobotern. Berlin, Heidelberg, New York, Tokyo: Springer 1985

/44/ Pritschow, G. Bearbeitung mit Robotersystemen-Wege zu neuen Anwendungen. Fertigungstechnisches Kolloquium 'FTK' 88 S. 152 ... 162 Berlin, Heidelberg, New York Tokyo: Springer 1988

/45/ Swoboda, W. Digitale Lageregelung für Maschinen mit schwach gedämpften schwingungsfähigen Achsen. Berlin, Heidelberg, New York, Tokyo: Springer 1987

/46/ Hammann, G. Horn, A. Scholl, B. Wagner, R. Oberflächenschleifen mit Industrierobotern an Karosserieteilen. Studie zur Automatisierung von Schleifaufgaben an Karosserien. ISW, September 1988

/47/ Gruhler, G. Programmierung von Bearbeitungsrobotern durch sensorgesteuertes Nachführen. wt.-Z. ind. Fertigung 73 (1983) 3 S. 165...168

/48/ Pritschow, G. A new modular robot system. CIRP-Annals 1986, S. 89...92.

/49/ Pritschow, G. Götz, F.-R Phillip, W. Linear-Asynchronmotoren für hochdynamische Linearbewegungen wt.-Z. ind. Fertig. 79 (1989) 11 S. 647...650

/50/ N.N. Megathrust Motor System - Direct Drive Linear Actuator. NSK-Produktbeschreibung 1989.

/51/ Stute, G.; Vogt, G.; Wurst, K.-H. — Spindasyn, eine neuer elektromechanischer Linearantrieb für NC-Maschinen
wt.-Z. ind. Fertig. 73 (1983) 3
S. 169...173.

/52/ Timoschenko, S; Young, D.H.; Weaver, W. — Vibration Problems in Engeneering.
Fourth Edition
New York, London, Sydney, Toronto:
John Wiley & Sons

/53/ Koppenschläger, F.D. — Über die Auslegung mechanischer Übertragungselemente an numerisch gesteuerten Maschinen.
Dissertion TH Aachen 1969

/54/ Warnecke, H.-J.; Schraft, R.D. — Industrieroboter.
Mainz: Krauss Kopf-Verlag 1987

/55/ Wurst, K.-H. — Spindelantriebsvorrichtung zur Erzeugung von wahlweisen Linear- und/oder Drehbewegungen.
Patentanmeldung P 39 38 353.9
(1988)

/56/ Fehr, M. — Spindelkopf.
Patentschrift CH-586 583 (1977)

/57/ Szabo, I. — Einführung in die Technische Mechanik.
Berlin, Heidelberg, New York, Tokyo:
Springer 1984

/58/ Pritschow, G.; Phillip, W. — Servo-Direktantriebe für Fertigungseinrichtungen.
wt.-Z. ind. Fertig. 79 (1989)
S.643...646.

/59/ Vogt, G. — Digitale Regelung von Asynchronmotoren für numerisch gesteuerte Maschinen.
Berlin, Heidelberg, New York, Tokyo: Springer 1985

/60/ Westmoreland, J. Ch. — Vorrichtung zur Erzeugung einer hin- und hergehenden Bewegung.
Patentschrift CH-495 517

/61/ Asada, H. Youcef-Toumi, K — Direct Drive Robots.
Cambrige, London: The MIT-Press 1987

/62/ Wurst, K.-H. Kleckner, J. — Gelenkantriebe für Industrieroboter.
wt-Z. ind. Fert 74(1984) 12,
S. 717...720

/63/ Wurst, K.-H. — Gelenkantrieb für Industieroboter.
Patenschrift 33 41 332 (1989)

/64/ Wurst, K.-H. — The Conception and Construction of a Modular Robot System.
Proceedings of the 16th. Symposium on Industrial Robots
Brüssel 1986

/65/ Pritschow, G. Wurst, K.-H. Tast, T. — Modulare Roboterkomponenten für flexible Montage- und Handhabungssysteme. VDI-Berichte 634.
S.85...101
VDI-Verlag 1987

/66/ Fakashi, M. Kensuke, H. On applications of differential gear mechanism to manipulator. Proceedings of the Symposium on Industrial Robots 1981. S. 611...618

/67/ Wurst, K.-H. Schmid, W. Baukastensystem für Industrieroboter. In: Die Lageregelung an numerisch gesteuerten Maschinen. Umdruck zum Seminar 1989 Stuttgart, ISW-Selbstverlag

/68/ Winter, H. Podlesnik, B. Zahnfedersteifigkeit von Stirnradpaaren. Antriebstechnik 22(1983) 3 S. 39...42

/69/ Gerstmann, U. Antriebskomponenten für Roboter auf dem Prüfstand. WGP-Kurzberichte 89/3 Essen:Giradet 1989

/70/ Müller, P.C. Schiehlen, W.O. Lineare Schwingungen. Akademische Verlagsgesellschaft, 1976

/71/ Hiller, M. Mechanische Systeme. Springer 1983

/72/ Hesselbach, J. Digitale Lageregelung an numerisch gesteuerten Fertigungseinrichtungen. Berlin, Heidelberg, New York, Tokyo: Springer 1981

/73/ Wurst, K.-H. Untersuchung der Einsatzfähigkeit von Zahnriemen als Antriebselement in numerisch bahngesteuerten Maschinen. Abschlußbericht zum Forschungsvorhaben, DFG 1977

/74/ Egner, M. Hochdynamische Lageregelung mit elektrohydraulischen Antrieben. Berlin, Heidelberg, New York, Tokyo: Springer 1988

/75/ Niemann, G. Winter, H. Maschinenelement II Berlin, Heidelberg, New York, Tokyo: Springer 1985

/76/ Henk, H. Untersuchungen über den Einfluß von Montagefehlern bei geradverzahnten Kegelrädern auf die Genauigkeit der Bewegungsübertragung und das Tragbild. Diss. RWTH Aachen: 1967

/77/ Piepka, E. Hill, F. Maurer, D. Flankenspiel und Toleranzen in Zahnradgetrieben "Stand der Technik". In: VDI-Bericht 596 VDI-Verlag: 1986

/78/ Langenbeck, K. Zimmer, D. Automatisierte Einstellung von Kegelrad- und Hypoidradsätzen. "Antriebstechnik" 28 (1989) 4

/79/ Bruckmann, K. Spielfreies Planetengetriebe für drehzahl- und lagegeregelte Roboterantriebe. VDI-Berichte 643 S. 59...68

VDI-Verlag: 1987

/80/ Gutt, H.-J. Vergleich von Gleichstrom-, Asynchron- und dauermagneterregten Synchronmaschinen für Stellantriebe. etz-Archiv Bd. 9 (1987) 3 S. 55...62

/81/ Schwarz, B. Beiträge zu reaktionssschnellen und hochgenauen Drehstrom-Positioniersystemen. Diss. Universität Stuttgart 1986

/82/ N. N. Bürstenlose Gleichstrommotoren. Firmenschrift INLAND-MOTOR COP (1989)

/83/ Wurst, K.-H. Ruoff, W. Sensoren zur Überwachung von Abspanvorgängen. wt.-Z. ind. Fertig. 75 (1985) S. 679...681

/84/ Wurst, K.-H. Vorrichtung zum Messen des Drehmoments. Anmeldeschrift P 3 404 009 (1984)

/85/ Pritschow, G. Wurst, K.-H. Verfahren zur Lageregelung und Führungsgrößenkorrektur von Industrierobotern. Patentschrift 37 21 028 (1987)

/86/ Pritschow, G. Wurst, K.-H Verfahren zur Erhöhung der Positioniergenauigkeit von Industrierobotern. Patentschrift 0242 858 (1987)

/87/ Leukefeld, J. On-Line-Verformungsmessung an Industrierobotern. VDI-Berichte Nr. 643, S.125...140 Düsseldorf: VDI Verlag 1987

/88/ Mulders, van der Wolf Heuvelman, Snijder van Wissekerke A Robot-Arm with Compensation for Bending. Annals of the CIRP Vol. 35, 1986 S. 305...308

/89/ Ruoff, W. Optische Sensorsysteme zur On-Line-Führung von Industrierobotern. Berlin, Heidelberg, New York, Tokyo: Springer 1989

/90/ Peters, K. Ein Beitrag zur Berechnung und Kompensation von Positionsfehlern an Industrierobotern. Forschungsberichte aus dem Institut für Werkzeugmaschinen und Betriebstechnik der Universität Karlsruhe 1985, Band 6

/91/ Brüstle, M. Numerical Error Compensation on Industrial Robots. Proceedings of the 16. International Symposium an Industrial Robots, S. 309...320, Brüssel 1986

/92/ Arendts, F.-J. Pritschow, G. Nohr, M. Wurst, K.-H. Der Einsatz von Faserverbundwerkstoffen in Rahmen eines Roboterbaukastensystems. Robotersysteme 4 (1988) S. 73...86

/93/ Rosenbauer, Th. Vonderhagen H Programmsystem zur Optimierung des Lastverformungsverhaltens von Industrierobotern. WGP-Kurzberichte 89/12 (1989)

/94/ Rauh, J. Ein Beitrag zur Modellierung elastischer Balkensysteme. VDI-Fortschrittsberichte Reihe 18 Nr. 37

/95/ Pritschow, G. Huan, J. Methode zur Robotersimulation unter Berücksichtigung der schwingungsfähigen Mechanik und lagegeregelten Antrieben. Robotersystem 5 (1989) S.69...76

/96/ Kim, M.-S. Entwicklung eines Parameteridentifikationsverfahrens zur Erhöhung der absoluten Positioniergenauigkeit von Industrierobotern. Forschungsberichte für die Praxis Nr.63 München, Wien: Hanser 1987

/97/ Schmid, W. Ermittlung der Positioniergenauigkeit von Komponenten eines modularen Roboterbaukastensystems. WGP-Kurzberichte; erscheint demnächt

/98/ Payannet, D. Aldon, M. Liegeois, A. Identifiation und Compensation of Mechanical Errors for Industrial Robots. Proceedings of the 15th. Symposium on Industrial Robots, Tokyo 1985 S. 857...864

/99/ Pritschow, G. Wurst, K.-H. Der Aufbau von Industrierobotern mit modularen Antriebskomponenten. In: Vorschubantriebe in der Fertigungstechnik S. 151..168 München, Wien: Hanser 1989

/100/ Nakamura, M. Analysis of Candidate Modular Robotic Manipulator Links Using the Finite Element Method. Bericht des Rose-Hulman-Institute of Technologie Indiana, U.S.A., 1990

ISW Forschung und Praxis

Berichte aus dem Institut für Steuerungstechnik der Werkzeugmaschinen und Fertigungseinrichtungen der Universität Stuttgart

Herausgegeben bis Band 57 von Prof. Dr.-Ing. G. Stute †
ab Band 58 Prof. Dr.-Ing. G. Pritschow

1 D. Schmid, Numerische Bahnsteuerung, 89 S., 1973

2 H. Schwegler, Fräsbearbeitung gekrümmter Flächen, 111 S., 1972

3 J. Eisinger, Numerisch gesteuerte Mehrachsenfräsmaschinen, 90 S., 1972

4 R. Nann, Rechnersteuerung von Fertigungseinrichtungen, 125 S., 1972

5 G. Augsten, Zweiachsige Nachformeinrichtungen, 140 S., 1972

6 B. Karl, Die Automatisierung der Fertigungsvorbereitung durch NC-Programmierung, 121 S., 1972

7 H. Eitel, NC-Programmiersystem, 117 S., 1973

8 E. Knorr, Numerische Bahnsteuerung zur Erzeugung von Raumkurven auf rotationssymetrischen Körpern, 131 S., 1973

9 S. Bumiller, Viskohydraulischer Vorschubantrieb, 123 S., 1974

10 K. Maier, Grenzregelung an Werkzeugmaschinen, 139 S., 1974

11 J. Waelkens, NC-Programmierung, 159 S., 1974

12 E. Bauer, Rechnerdirektsteuerung von Fertigungseinrichtungen, 138 S., 1975

13 H. König, Entwurf und Strukturtheorie von Steuerungen für Fertigungseinrichtungen, 206 S., 1976

14 H. Damsohn, Fünfachsiges NC-Fräsen, 143 S., 1976

15 H. Jetter, Programmierbare Steuerungen, 141 S., 1976

16 H. Henning, Fünfachsiges NC-Fräsen gekrümmter Flächen, 179 S., 1976

17 K. Boelke, Analyse und Beurteilung von Lagesteuerungen für numerisch gesteuerte Werkzeugmaschinen, 106 S., 1977

18 F.-R. Götz, Regelsystem mit Modellrückkopplung für variable Streckenverstärkung, 116 S., 1977

19 H. Tränkle, Auswirkungen der Fehler in den Positionen der Maschinenachsen beim fünfachsigen Fräsen, 103 S., 1977

20 P. Stof, Untersuchungen über die Reduzierung dynamischer Bahnabweichungen bei numerisch gesteuerten Werkzeugmaschinen, 118 S., 1978

21 R. Wilhelm, Planung und Auslegung des Materialflusses flexibler Fertigungssysteme, 158 S., 1978

22 N. Kappen, Entwicklung und Einsatz einer direkten digitalen Grenzregelung für eine Fräsmaschine mit CNC, 123 S., 1979

23 H. G. Klug, Integration automatisierter technischer Betriebsbereiche, 124 S., 1978

24 D. Binder, Interpolation in numerischen Bahnsteuerungen, 132 S., 1979

25 O. Klingler, Steuerung spanender Werkzeugmaschinen mit Hilfe von Grenzregeleinrichtungen (ACC), 124 S., 1979

26 L. Schenke, Auslegung einer technologisch-geometrischen Grenzregelung für die Fräsbearbeitung, 113 S., 1979

27 H. Wörn, Numerische Steuersysteme-Aufbau und Schnittstellen eines Mehrprozessorsteuersystems, 141 S., 1979

28 P. B. Osofisan, Verbesserung des Datenflusses beim fünfachsigen NC-Fräsen, 104 S., 1979

29 J. Berner, Verknüpfung fertigungstechnischer NC-Programmiersysteme, 101 S., 1979

30 K.-H. Böbel, Rechnerunterstützte Auslegung von Vorschubantrieben, 113 S., 1979

31 W. Dreher, NC-gerechte Beschreibung von Werkstücken in fertigungstechnisch orientierten Programmiersystemen, 105 S., 1980

32 R. Schurr, Rechnerunterstützte Projektsteuerung hydrostatischer Anlagen, 115 S., 1981

33 W. Sielaff, Fünfachsiges NC-Umfangfräsen verwundener Regelflächen. Beitrag zur Technologie und Teileprogrammierung, 97 S., 1981

34 J. Hesselbach, Digitale Lageregelung an numerisch gesteuerten Fertigungseinrichtungen, 111 S., 1981

35 P. Fischer, Rechnerunterstützte Erstellung von Schaltplänen am Beispiel der automatischen Hydraulikplanzeichnung, 111 S., 1981

36 U. Ackermann, Rechnerunterstützte Auswahl elektrischer Antriebe für spanende Werkzeugmaschinen, 118 S., 1981

37 W. Döttling, Flexible Fertigungssysteme – Steuerung und Überwachung des Fertigungsablaufs, 105 S., 1981

38 J. Firnau, Flexible Fertigungssysteme – Entwicklung und Erprobung eines zentralen Steuersystems, 112 S., 1982

39 A. Herrscher, Flexible Fertigungssysteme – Entwurf und Realisierung prozeßnaher Steuerungsfunktionen, 103 S., 1982

40 U. Spieth, Numerische Steuersysteme – Hardwareaufbau und Ablaufsteuerung eines Mehrprozessorsteuersystems, 115 S., 1982

41 A. Schimmele, Rechnerunterstützter Entwurf von Funktionssteuerungen für Fertigungseinrichtungen, 106 S., 1982

42 M. Sanzenbacher, NC-gerechte Beschreibung von Werkstücken mit gekrümmten Flächen, 105 S., 1982

43 W. Walter, Interaktive NC-Programmierung von Werkstücken mit gekrümmten Flächen, 112 S., 1982

44 J. Huan, Bahnregelung zur Bahnerzeugung an numerisch gesteuerten Werkzeugmaschinen, 95 S., 1982

45 H. Erne, Taktile Sensorführung für Handhabungseinrichtungen – Systematik und Auslegung der Steuerungen, 111 S., 1982

46 D. Plasch, Numerische Steuersysteme – Standardisierte Softwareschnittstellen in Mehrprozessor-Steuersystemen, 112 S., 1983

47 Z. L. Wang, NC-Programmierung – Maschinennaher Einsatz von fertigungstechnisch orientierten Programmiersystemen, 103 S., 1983

48 J. Schwager, Diagnose steuerungsexterner Fehler an Fertigungseinrichtungen, 121 S., 1983

49 P. Klemm, Strukturierung von flexiblen Bediensystemen für numerische Steuerungen, 113 S., 1984

50 W. Runge, Simulation des dynamischen Verhaltens elektrohydraulischer Schaltungen – Einsatz von geräteorientierten, universellen Simulationsbausteinen, 132 S., 1984

51 H. Steinhilber, Planung und Realisierung von Werkzeugversorgungssystemen für die NC-Bearbeitung, 126 S., 1984

52 R. Ohnheiser, Integrierte Erstellung numerischer Steuerdaten für flexible Fertigungssysteme, 115 S., 1984

53 M. Keppeler, Führungsgrößenerzeugung für numerisch bahngesteuerte Industrieroboter, 125 S., 1984

54 P. Kohler, Automatisiertes Messen mit NC-Werkzeugmaschinen, 129 S., 1985

55 K.-H. Rieger, Rechnerunterstützte Projektierung der Hardware und Software von Speicherprogrammierten Steuerungen, 123 S., 1985

56 G. Vogt, Digitale Regelung von Asynchronmotoren für numerisch gesteuerte Fertigungseinrichtungen, 126 S., 1985

57 S. Chmielnicki, Flexible Fertigungssysteme – Simulation der Prozesse als Hilfsmittel zur Planung und zum Test von Steuerprogrammen, 120 S., 1985

58 W. Renn, Struktur und Aufbau prozeßnaher Steuergeräte zur Verkettung in flexiblen Fertigungssystemen, 137 S., 1986

59 K. Harig, Quantisierung im Lageregelkreis numerisch gesteuerter Fertigungseinrichtungen, 113 S., 1986

60 H. Frank, Programmier- und Überwachungsfunktionen für teileartbezogene NC-Werkzeugmaschinen, 115 S., 1986

61 H. Möller, Integrierte Überwachungs- und Diagnose-Systeme für numerische Steuerungen, 131 S., 1986

62 H. Fink, Einsatz speicherprogrammierbarer Steuerungen in der Fertigungstechnik, 126 S., 1986

63 J. Fleckenstein, Zustandsgraphen für SPS – Grafikunterstützte Programmierung und steuerungsunabhängige Darstellung, 139 S., 1987

64 E. Wagner, Steuerungen von Koordinatenmeßgeräten mit schaltenden und messenden Tastsystemen, 133 S., 1987

65 W. Grimm, Diagnosesystem für steuerungsperiphere Fehler an Fertigungseinrichtungen, 143 S., 1987

66 W. Swoboda, Digitale Lageregelung für Maschinen mit schwach gedämpften schwingungsfähigen Bewegungsachsen, 141 S., 1987

67 G. Gruhler, Sensorgeführte Programmierung bahngesteuerter Industrieroboter, 119 S., 1987

68 B. Walker, Konfigurierbarer Funktionsblock Geometriedatenverarbeitung für numerische Steuerungen, 125 S., 1987

69 J. Mayer, Werkzeugorganisation für flexible Fertigungszellen und -systeme, 126 S., 1988

70 R. Lederer, Programmierung von NC-Drehmaschinen mit mehreren Werkzeugschlitten, 120 S., 1988

71 G. Häberle, NC-Musterprogrammierung für die rechnerintegrierte Textilfertigung, 127 S., 1988

72 D. Pfeiffer, Kompensation thermisch bedingter Bearbeitungsfehler durch prozeßnahe Qualitätsregelung, 135 S., 1988

73 W. Schmidt, Grafikunterstütztes Simulationssystem für komplexe Bearbeitungsvorgänge in numerischen Steuerungen, 141 S., 1988

74 M. Egner, Hochdynamische Lageregelung mit elektrohydraulischen Antrieben, 147 S., 1988

75 W. Schittenhelm, Konfigurierbares Bedienungssystem für Steuerungen an Fertigungseinrichtungen, 136 S., 1988

76 D. Scheifele, Grafisch dynamische Simulation des Bearbeitungsvorgangs für Doppelschlittendrehmaschinen, 121 S., 1988

77 G. Keuper, Automatisierte Identifikation der Streckenparameter servohydraulischer Vorschubantriebe, 152 S., 1989

78 K.-H. Kayser, Kollisionserkennung in numerischen Steuerungen mit der Distanzfeldmethode, 131 S., 1989

79 R. Viefhaus, Fräsergeometriekorrektur in Numerischen Steuerungen, 157 S., 1989

80 J. Zirbs, Fertigungsgerechte Aufbereitung von Flächenverbänden bei der NC-Programmierung im Formenbau, 130 S., 1989

81 W. Ruoff, Optische Sensorsysteme zur On-line-Führung von Industrierobotern, 123 S., 1989

82 M. Jantzer, Bahnverhalten und Regelung fahrerloser Transportsysteme ohne Spurbindung, 131 S., 1990

83 H. Schumacher, Einheitliche Programmierung von Automatisierungskomponenten roboterbestückter Bearbeitungs- und Montagezellen, 116 S., 1991

84 J. Schimonyi, NC-Programmierung für das Werkzeugschleifen, 122 S., 1991

85 K.-H. Wurst, Flexible Robotersysteme – Konzeption und Realisierung modularer Roboterkomponenten, 164 S., 1991

Die Bände ISW 1 bis ISW 68 sind vergriffen.

Die Bände sind im Erscheinungsjahr und in den folgenden drei Kalenderjahren zu beziehen durch den örtlichen Buchhandel oder durch Lange & Springer, Otto-Suhr-Allee 26-28, 1000 Berlin 10.